职业教育无人机应用技术专业活页式创新教材

U0158335

无人机影视航拍及后期制作

主 编　付　强　彭　浩
参 编　陈　柳　杨轶龙

机械工业出版社

本书为无人机相关专业应用型人才培养的系列教材之一，主要讲述无人机影视航拍理论基础及后期制作的相关知识。全书总共分为六个模块，围绕着航拍摄影基础、图片摄影、航拍视频、摄影剪辑等内容进行了详细阐述，并针对无人机航拍的实际运用，对剪辑应用软件以及如何提升摄影的美感进行了重点介绍，便于读者学习和提高航拍摄影水平。

本书适用于职业院校无人机工程类、应用类以及航空飞行器类专业教学，也可作为培训类学校无人机相关课程教学用书，还可以给无人机爱好者作为参考资料使用。

图书在版编目（CIP）数据

无人机影视航拍及后期制作 / 付强，彭浩主编. — 北京：
机械工业出版社，2023.12（2025.2重印）
职业教育无人机应用技术专业活页式创新教材
ISBN 978-7-111-74095-7

Ⅰ.①无… Ⅱ.①付… ②彭… Ⅲ.①无人驾驶飞机－航空摄影－职业
教育－教材 ②视频编辑软件－职业教育－教材 Ⅳ.①TB869 ②TN94

中国国家版本馆CIP数据核字（2023）第201580号

机械工业出版社（北京市百万庄大街22号 邮政编码100037）
策划编辑：谢 元　　　　　　责任编辑：谢 元 丁 锋
责任校对：牟丽英 陈 越　　　封面设计：张 静
责任印制：郜 敏
中煤（北京）印务有限公司印刷
2025年2月第1版第3次印刷
184mm×260mm·12.75印张·246千字
标准书号：ISBN 978-7-111-74095-7
定价：59.00元

电话服务　　　　　　　　　　网络服务
客服电话：010-88361066　　　机 工 官 网：www.cmpbook.com
　　　　　010-88379833　　　机 工 官 博：weibo.com/cmp1952
　　　　　010-68326294　　　金 书 网：www.golden-book.com
封底无防伪标均为盗版　　　机工教育服务网：www.cmpedu.com

职业教育无人机应用技术专业活页式创新教材
编审委员会

主任委员　　昂海松（南京航空航天大学）

委　　员　　颜忠杰（山东步云航空科技有限公司）

　　　　　　　　王　铨（青岛工程职业学院）

　　　　　　　　姜宽舒（江苏农林职业技术学院）

　　　　　　　　李宏达（南京工业职业技术大学）

　　　　　　　　王靖超（山东冶金技师学院）

　　　　　　　　付　强（山东省艺术摄影学会副秘书长、国家一级摄影师）

　　　　　　　　余洪伟（张家界航空工业职业技术学院）

　　　　　　　　杜凤顺（石家庄铁路运输学校）

　　　　　　　　葛　敏（菏泽学院）

　　　　　　　　韩　祎（山东步云航空科技有限公司）

序

　　随着无人机技术的迅猛发展，无人机已经广泛应用于航空摄影、农业植保、测绘勘察、航拍摄像、物流运输等领域，无人机操作、维护和应用技能的专业人才需求不断增加。无人机应用技术已成为职业院校热门专业，如雨后春笋般快速发展起来。职业教育是国民教育体系和人力资源开发的重要组成部分，党的二十大报告强调，教育、科技、人才是全面建设社会主义现代化国家的基础性、战略性支撑。统筹职业教育、高等教育、继续教育协同创新，推进职普融通、产教融合、科教融汇，优化职业教育类型定位。这些论述深刻阐明了新时代实施科教兴国战略、强化现代化建设人才支撑的总体要求和重点任务，明确了努力建设中国特色职业教育体系的方向目标。

　　针对当前部分职业院校无人机专业教学手段单一、教材内容滞后、实践环节不充分等问题，我们组织无人机领域专家和教育工作者，围绕无人机职业教育产教融合、科教融汇的问题，对上百所中高职院校进行走访调研，编写了这套职业教育无人机应用技术专业活页式创新教材，旨在为广大无人机从业者和有志于从事无人机事业的人提供一套完整的教材和指导，帮助他们更好地掌握无人机相关知识和技能。

　　本系列教材主要包括《无人机系统理论基础》《无人机系统结构与设计》《无人机实操技术》《无人机装调与维修》《无人机影视航拍及后期制作》《无人机航空测绘及后期制作》《无人机农林植保技术及应用》七本书，内容涉及无人机的理论基础、飞行操作和实际应用技术。教材在理论知识的传授基础上，更注重实践操作的指导，每个章节中尽可能地提供实操练习和技巧分享，通过系统而深入的讲解和案例分析，帮助读者进行真实场景的模拟练习，提高无人机技术运用的熟练度和应变能力。

　　本书的编写离不开各界专家的指导和帮助，也希望得到广大读者的大力支持。祝愿每一位读者在无人机事业的道路上取得优异的成绩！

职业教育无人机应用技术专业活页式创新教材

编审委员会

前　言

"科技改变生活"，用这样一句话来描述摄影再合适不过了。自1839年摄影术发明以来，摄影对于人类科学与艺术的发展产生了巨大的影响和贡献。人类所获取的信息，80%以上来自视觉，人对于图像所传达的信息接收和感受最为直接、最为充分，保持的记忆时间也最长。正因如此，人类在创造了文字的同时，也创造了绘画、雕塑等依存于视觉感知的实用技艺或者说艺术形式。

但是，绘画、雕塑等技艺都需要长时间的学习，而且并非人人都可以熟练掌握。即使是技艺高超的工匠或艺术家，也很难在极短的时间内，将某时某刻发生的事准确逼真地描绘出来，更无法实现迅速传播和再现。因此，在人类的文明发展史中，绘画、雕塑总是作为语言文字的辅助内容。

正所谓"一图抵千言"，摄影准确、快捷、生动，有着语言文字所不及的优越性。科技的进步，催生了摄影的发明，也让人类文明由语言文字为中心的理性主义形态，转向了以图像为中心的感性主义形态。在数字化、网络化和信息化的今天，人类已经进入了图像文明为主体的"读图时代"。在各大社交平台，图像和视频已成为最主要的内容传播载体。摄影不仅记录了芸芸众生和重大的历史事件，更为将来的世界留下最真实的印记。

突破自我，一直都是人类的追求，早在19世纪50年代，摄影师的镜头就不再止步于地面。航空摄影的先驱者们，为了拓展和延伸人类的视野，尝试了包括热气球、风筝、甚至用鸽子搭载相机等方式进行航拍，只为拍下普通人无法亲眼看到的画面。但受限于当时的科技水平，航空摄影一直都只是极少数人能从事的工作。

近些年，随着无人机技术的发展，航空摄影才逐渐走入了大众视野。航拍的画面因其新颖、震撼，成为吸引很多人步入摄影行列的主要因素。不过，想航拍摄出具备专业水准的画面，除了要熟练掌握无人机的操控和维护，还需要学习专业的摄影知识，学会寻找画面、构思画面、设计画面、捕捉画面，用画面传递信息、用画面传递感情、用画面讲述故事……本书正是针对这一需求而编著，较为系统地讲解了有关无人机航拍摄影的各方面必需知识和技巧。除了包括无人机航拍设备的介绍和操控讲解，还通过详细讲解和分析摄影中各种视觉元素的基本特性、组合方式、摄影美的表现形式等，帮助大家掌握视觉语言的特性和规律，培养起良好的画面感和视觉审美能力。此外，针对目前融媒体发展的趋势和实际工作中应用的需要，本书中还加入了视听语言和剪辑等影视专业知识的内容，其中就包括景别、运镜、蒙太奇、非线性编辑等必需知识点。尽可能全面地将无人机航拍摄影所需要的专业知识加以梳理，以期帮助更多热爱航空摄影的朋友成为航拍高手。

笔者虽从 1995 年就开始接触和学习摄影，2006 年起开始从事职业摄影和摄影教学的工作，但毕竟航空摄影所涉及的专业知识总在不断发展和更新，很多新技术、新知识也要在学习中不断总结和梳理。书中难免存在一些不足，必要的时候也会根据实际情况进行调整、修改和订正，欢迎广大读者提出批评和建议。最后想说的是，本书在编著过程中得到了山东步云航空科技有限公司和机械工业出版社的大力支持和帮助，内容得以完善和充实，在此向他们表示真诚的感谢！

付　强

2023 年 2 月 20 日　夜

目　录

01 模块一

无人机航拍摄影基础

随着飞机与飞行技术以及摄影机技术与感光材料的飞速发展，航空摄影的图片质量有了很大提高，用途也日益广泛。因航空摄影不受地理环境条件的限制，它不仅大量用于地图测绘，在国民经济建设、军事和科学研究等许多领域中也得到了广泛应用。如地质、水文、矿藏和森林资源调查，农业产量评估及大型厂矿和城镇的规划，铁路、公路、高压输电线路和输油管线的勘察选线，气象预报和环境监测等，也可用于航空侦察、新闻报道及影视拍摄等。随着无人机技术的逐步成熟，因其较有人航空器飞行成本更低、易于操控、灵活机动、受起降场地限制小，小型无人机已成为航空摄影的主要方式，尤其是在展现城市景观、自然风光等方面。本模块主要介绍无人机航拍摄影的设备选择及参数选择，并对无人机航拍的使用及安全操作进行简单的介绍。

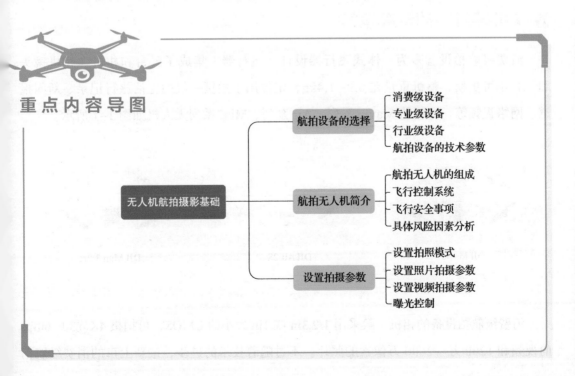

重点内容导图

无人机航拍摄影基础
- 航拍设备的选择
  - 消费级设备
  - 专业级设备
  - 行业级设备
  - 航拍设备的技术参数
- 航拍无人机简介
  - 航拍无人机的组成
  - 飞行控制系统
  - 飞行安全事项
  - 具体风险因素分析
- 设置拍摄参数
  - 设置拍照模式
  - 设置照片拍摄参数
  - 设置视频拍摄参数
  - 曝光控制

学习任务 1　航拍设备的选择

工欲善其事，必先利其器，想要从事无人机航拍摄影，选择一款合适的航拍设备是一切的开始。无人机航拍设备主要由飞行器、云台、相机等组成。根据航拍设备的性能、价格和用途，可将航拍设备分为消费级、专业级和行业级三类。

知识目标

- 了解航拍摄影设备的概念、分类及参数要求。

素养目标

- 培养学生的好奇心。
- 培养学生的自主创新意识。

引导问题

什么是航拍无人机？主要有哪些分类？

知识点 1　消费级设备

消费级航拍设备多为一体式飞行器设计，飞行器上集成了云台和相机，相机镜头和云台不可更换，整机重量在 0.9~1.4kg，定位用于拍摄一般的生活旅行记录、新闻报道、网络视频等。大疆的 Mavic 系列、Air 系列、Mini 系列无人机如图 1-1 所示。

DJI Mavic 3

DJI Air 2S

DJI Mini 3 Pro

图 1-1　大疆无人机（消费级）

消费级航拍设备的相机一般采用 1/2.3in 或 1in 大小的 CMOS，可拍摄 4K@30~60fps 的视频和 1200 万 ~ 2000 万像素的照片。不过随着技术的进步，最新上市的消费级航拍设备中已经有采用尺寸更大的 4/3 CMOS 为感光元件的主相机，如大疆的 Mavic 3。

更大的感光元件尺寸，也带来了更好的拍摄质量。在选择航拍设备时，应尽量选择相机感光元件尺寸大的型号。

知识点 2 专业级设备

专业级航拍设备的飞行器和云台可分别独立控制，云台相机或镜头可以更换，除了可以拍摄常见的 MOV/MP4 等视频格式外，还可以录制 CinemaDNG 和 ProRes RAW 格式的视频，可满足纪录片、广告、电影等拍摄需要。如大疆的"悟 Inspire"系列飞行器和"Zenmuse"系列云台相机，如图 1-2 所示。

悟 Inspire 2

DJI Zenmuse X7

DJI Zenmuse X5S

图 1-2 大疆无人机（专业级）

知识点 3 行业级设备

行业级设备目前主要应用于公共安全、勘探、电力、测绘等领域的信息采集，不同行业有不同的侧重点和应用需求，拍摄照片和视频只是其中一部分工作，因此这里就不做更多介绍了。

知识点 4 航拍设备的技术参数

我们在选择航拍设备时，要充分了解相关设备的技术参数，这样在选择设备时才能做出合理的判断。下面列出了几款主流航拍设备的关键技术参数，这些主要项目也是选择航拍设备时要重点关注的，见表 1-1。

在选择航拍设备时，要根据对拍摄质量的需求以及拍摄内容、拍摄环境、预算等因素综合考虑选择设备。

表 1-1 部分无人机性能参数

设备型号	DJI Mavic 3（消费级）	DJI Mini 3 Pro（消费级）	悟 Inspire 2（专业级）425
起飞重量	895g	249g	4250g
飞行性能	最长飞行时间（无风）：46min 最长悬停时间（无风）：40min 最大续航里程：30km 最大抗风：12m/s 最大起飞海拔：6000m 工作环境温度：-10~40℃	最长飞行时间（无风）：34min 最长悬停时间（无风）：30min 最大续航里程：18km 最大抗风：10.7m/s 最大起飞海拔：4000m 工作环境温度：-10~40℃	最长飞行时间（无风）：23~27min 最大续航里程：30km 最大抗风：10m/s 最大起飞海拔：2500m（普通桨）；5000m（高原桨） 工作环境温度：-20~40℃
拍摄性能	3 轴机械云台 哈苏相机： 4/3 CMOS，2000 万像素 等效焦距：24mm ISO 条件范围：100~6400 视频分辨率：5.1K@50fps 视频格式：MP4/MOV 照片尺寸：5280×3956 像素 图片格式：JPEG/DNG（RAW） 长焦相机： 1/2 in CMOS，1200 万像素 等效焦距：162mm ISO 条件范围：100~6400 视频分辨率：4K@50fps 视频格式：MP4/MOV 照片尺寸：4000×3000 像素 图片格式：JPEG/DNG（RAW）	3 轴机械云台 1/1.3in CMOS，4800 万像素 等效焦距：24mm ISO 条件范围：100~6400 视频分辨率：4K@60fps 视频格式：MP4/MOV 照片尺寸：8064×6048 像素 图片格式：JPEG/DNG（RAW）	ZENMUSE X7（选配） 传感器尺寸23.5mm×15.7mm，2400 万像素 镜头规格：可更换镜头 ISO 条件范围：100~25600 视频分辨率：6K@30fps 14bit 视频格式：MP4/MOV/CinemaDNG/ProRes RAW 照片尺寸： 3：2（6016×4008 像素） 16：9（6016×3376 像素） 4：3（5216×3912 像素） 图片格式：JPEG/DNG（RAW） ZENMUSE X5S（选配） 性能参数略
避障性能	全向感知	三向感知（前、后、下）	顶部红外感知
传图性能	1080p/30fps 或 1080p/60fps 强干扰（都市中心），1.5~3km 中干扰（近郊县城），3~9km 微干扰（远郊/海边），9~15km	1080p/30fps 强干扰（都市中心）：1.5~3km 中干扰（城郊县城）：3~7km 无干扰（远郊/海边）：7~12km	1080p/30fps 约 7km

学习任务 2　航拍无人机简介

在正式开始航拍前，我们有必要了解一些有关无人机的基础知识和飞行安全常识，以保障航拍工作的顺利进行。

知识目标

- 掌握航拍无人机的基本组成及操控。
- 知道无人机飞行安全要求。
- 了解无人机飞行时的具体风险控制。

素养目标

- 培养学生遵章守纪的思想意识。
- 培养学生对比分析问题并阐述观点的能力。
- 培养学生爱国主义情怀，自主创新意识。

? 引导问题

1. 航拍无人机一般由哪些系统组成？
2. 使用航拍无人机时，都有什么安全要求？

知识点 1　航拍无人机的组成

航拍无人机，一般由无人机飞行平台、飞行控制与管理分系统、云台相机系统等组成。

1. 飞机平台

飞机平台是无人机飞行的主体平台，主要提供飞行能力和装载的功能，由机体结构、动力装置、电气系统、雷达避障系统等组成。

2. 飞行控制与管理分系统

飞行控制与管理分系统是对无人机实现控制与管理，是无人机完成起飞、空中飞行、执行任务、返场着陆等整个飞行过程的核心系统。飞行控制与管理分系统包括：机载飞行控制与管理分系统、地面控制情况管理。

3. 云台相机系统

云台相机系统由相机和云台组成。云台是安装、固定相机的支撑设备，承载相机进行水平和垂直两个方向的转动，它分为固定和电动云台两种，目前使用最多的是电动云台，如图 1-3 所示。

图 1-3　H20T 云台相机

固定云台适用于航拍前进方向上的画面，起飞前在云台上固定好相机，也需要提前调整好相机的水平和俯仰的角度，如图 1-4 所示。

电动云台可航拍多角度的画面，在飞行过程中可以随意控制镜头的角度。电动云台又可以细分为两轴和三轴云台。航拍无人机上使用最多的是三轴云台，它能在无人机无法稳定悬停的情况下保证拍摄画面的稳定性。云台主要由支架、驱动电机和控制电路板三部分组成。

图 1-4　禅思 Z15 搭载松下 GH4 相机

知识点 2　飞行控制系统

早期的航拍无人机是无人机厂商和相机厂商各司其职，通过携带微单或单反相机进行航拍。大疆于 2014 年推出了 Phantom 2 Vision+ 航拍器，使用 DJI VISION App 远程控制相机，实现实时视频图像传输、FPV 飞行以及相册同步分享。相机与无人机的一体化成为趋势，一方面航拍无人机更利于飞行，另一方面相机与图传、App 结合，操控和调参更加便利。我们以大疆 Mavic 系列的无人机为例，着重介绍相关飞行控制系统。

飞行控制系统，简称"飞控系统"，主要包括主控 (FC)、惯性测量单元（IMU）、全球定位系统（GPS）、指南针和 LED 指示灯共 5 个模块。

1. 主控（FC）

主控，即飞行控制器（Flight Controller，简称 FC）是飞控系统的中央控制器，负责数据信号的接收、处理和传输，向动力系统发送指令，调整飞行姿态。

2. 惯性测量单元（IMU）

惯性测量单元（Inertial Measurement Unit，简称 IMU）是飞行器内部重要的传感器，用来感知飞行姿态、加速度和高度变化，然后将所得数据传递给主控，由主控处理并输出飞行控制指令。

首次飞行前或长时间使用飞行器后需要对 IMU 进行校准，IMU 失准会影响主控调整飞行姿态和飞行安全。IMU 的校准方法可按照 DJI GO 4 App 的引导步骤进行，如图 1-5 所示。

图 1-5　IMU 校准示意图

3. 全球定位系统（GPS）

GPS 在飞行器中起着定位和导航的作用，进入 DJI GO 4 App 的飞行图传界面后，在 GPS 信息一项中会显示出信号强度和搜星数量，如图 1-6 所示。

图 1-6　GPS 示意图

GPS 信号强度越强、搜星数量越多，定位就越精准，可帮助飞行器定点悬停、自动返航等。如果 GPS 信号很弱，飞行器可能会被动进入姿态模式不能定点悬停，只能通过启用下视觉定位系统帮助飞行器定位，而且无法实现失控返航的功能，此时强制起飞会有炸机或丢机的风险。

当 GPS 信号强度首次达到 4 格及以上时，飞行器会记录返航点，如果在 DJI GO 4 App 中将失控行为设定为"返航"，当飞行器发生失控后，会自动飞回返航点。

4. 指南针

指南针用于分辨飞行器在地理坐标系中的方向，与 GPS 协同工作，如果指南针出现异常，会同时影响飞行器定点悬停和返航。在实际飞行过程中，指南针会很容易受环境干扰，特别是带有大量金属结构的建筑、自然界的大型金属矿藏等磁场的干扰。

在首次进行飞行时或 App 提示指南针异常时，就需要校准指南针，方法可按照 App 中的提示进行，如图 1-7 所示。

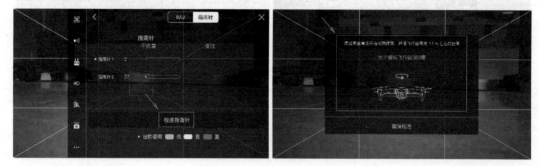

图 1-7　指南针校准示意图

5. LED 指示灯

LED 指示灯会发出不同颜色和频率的灯光，可帮助我们了解飞行器的工作状态和异常提示。在正式飞行前，应熟悉这些常用 LED 指示灯闪烁的含义，以帮助我们更好地操控飞行器。大疆 Mavic 系列无人机的 LED 指示灯的状态说明如图 1-8 所示。

正常状态		
红 绿 黄 ……	红绿黄连续闪烁	系统自检
绿 绿 ……	黄绿交替闪烁	预热
绿 ……	绿灯慢闪	使用 GPS 定位
绿 ×2……	绿灯双闪	使用视觉系统定位
黄 ……	黄灯慢闪	无 GPS 无视觉定位
绿 ……	绿灯快闪	刹车
警告与异常		
黄 ……	黄灯快闪	遥控器信号中断
红 ……	红灯慢闪	低电量报警
红 ……	红灯快闪	严重低电量报警
红 ……	红灯间隔闪烁	放置不平或传感器误差过大
红 ——	红灯常亮	严重错误
红 黄 ……	红黄灯交替闪烁	指南针数据错误，需校准

图 1-8　LED 指示灯的状态说明

特别要注意的是：当 LED 指示灯为红灯快闪时，即严重低电量报警，需要尽快降落，避免坠机。

知识点 3　飞行安全事项

在开始正式航拍前，必须充分了解有关无人机飞行的安全注意事项，包括法律法规、飞行安全问题等。

1. 了解法律法规

不同的国家和地区都有相关的无人机飞行管理法规，在飞行前，一定要了解清楚相关规定，遵守法规。在限高区，不超高飞行；在禁飞区，更要严格禁止放飞无人机，以免触犯相关法律法规。

2. 起飞前的检查

为保证无人机的飞行安全，起飞前的检查是必须进行的安全措施。主要包括：

① 观察周围环境，规划航线。

② 检查飞行器结构是否完好。

③ 检查螺旋桨安装是否到位。

④ 检查电池电量。

⑤ 检查失控行为设置。

⑥ 检查返航点是否已经记录。

⑦ 检查指南针校准情况。

⑧ 检查 GPS 信号。

⑨ 检查起飞场地，不要在尘土较多或可能影响飞行器桨叶旋转的草地上起飞。

知识点 4　具体风险因素分析

1. 城市高楼间

在城市高楼间进行航拍时，高大建筑物很容易影响飞行器的信号接收。室外飞行时，飞行器需要依靠 GPS 进行定位，一旦信号不稳定，飞行器在空中就会失控。特别是在建筑物之间穿梭时，操作者无法直接目视飞行器的飞行状态，只能通过图传画面看到镜头前的情况，此时如果操作不当很容易撞上周边的建筑物，造成坠机事故。特别是城市环境中，地面上的行人、车辆较多，发生坠机后可能造成更为严重的安全事故和财产损失。

因此在城市高楼间飞行时，一定要启用无人机的视觉感知系统，开启避障功能，当飞行器在飞行中检测到障碍物时，将会自动刹车和悬停。

2. 建筑工地

在拍摄工程建设项目时，特别是钢筋结构较多的建筑，容易干扰飞行器的指南针，从而导致飞行方向错乱。在靠近这些建筑飞行时，要小心谨慎，避免发生飞行事故。

3. 输电线、高压线附近

在航拍时，经常会遇到附近有输电线或高压线的情况。有高压线的地方其实并不适合飞行，高压线附近的强电场或磁场产生的电磁干扰可能会对飞行器的电子元件造成损伤，导致飞行事故。另外输电线、高压线较为细小，飞行器的避障功能很难检测感应到，图传屏幕中也很难发现。建议航拍前提前进场考察现场，避开输电线、高压线。

4. 湖面、海面

在湖面、海面等环境下航拍时，由于水面会影响超声波的定高效果，且因水面的纹理和反差较小，也会导致视觉定位受到影响。飞行器会出现掉高的情况，严重时会掉入水中。因此在水面飞行时，不宜将飞行器贴近水面飞行。

在岸边起飞时，建议将失控行为设置为失控返航；如在船上起飞，应将失控行为设置为悬停，防止因船只移动，飞行器返航后落入水中。

乘船操作飞行器时，船体的晃动会影响飞行器的自检，导致自检不通过，所以应在岸上开机后再到船上起飞。

无论是在什么样的环境进行航拍，都应在起飞前仔细观察拍摄环境，规划好飞行路线，避开潜在风险，才能保障飞行安全。

学习任务 3 设置拍摄参数

在航拍前，需要根据拍摄需要提前设置好照片和视频拍摄的模式，以及各项拍摄参数，帮助我们拍摄出满意的航拍作品。

知识目标

- 了解航拍无人机的拍摄参数。
- 学会掌握航拍无人机的参数设置。

素养目标

- 培养学生严谨认真的工作态度。
- 培养学生的综合学习能力。

? 引导问题

航拍设备需要提前设置好哪些拍摄参数?

技能点 1　设置拍照模式

本节内容将以 DJI GO 4 App 中的相关设置（图 1-9）为例，介绍相关设置和所涉及的摄影基础知识。

图 1-9　拍摄模式设置示意图

在"拍照模式"中 DJI GO 4 App 提供了 6 种子模式（注：不同机型拍照模式会有不同），如图 1-10 所示，主要包括单拍、HDR、连拍、AEB、定时拍摄、全景。不同的拍照模式可以满足不同的拍摄需求。

图 1-10　拍照模式示意图

1. 单拍

单拍是指每次按快门（拍摄键）仅拍摄一张照片，为出厂默认设置，也是最常用的拍照模式。

2. HDR

HDR 全称 High-Dynamic Range，即高动态范围图像。因为在某些情况下，场景中较为明亮的部分与较暗的部分亮暗差别较大，超过了相机单次曝光记录明暗反差的范围（即相机的动态范围），所以无法通过单拍模式将场景中较亮部分的细节和暗部细节同时记录下来。图 1-11 中天空就因为太亮而被拍成了没有任何层次和细节的纯白色。

图 1-11　《济南奥体中心体育场（一）》（摄影：付强）

而选择 HDR 模式，则可以比单拍模式拍出更多的阴影和亮部细节，如图 1-12 所示，天空相比图 1-11 保留下了更多淡蓝色的色彩和层次。

图 1-12　《济南奥体中心体育场（二）》（摄影：付强）

3. 连拍

连拍是指每次按下快门时，一次性连续拍摄多张照片。有三个选项可供选择，可每次连拍 3 张、5 张或 7 张。

4. AEB

AEB 即自动曝光包围拍摄，有 3 张和 5 张两种选项可供选择，相机会以 0.7 个 EV（曝光量）为增减量，连续拍摄多张曝光量不同的照片，后续可择优选出曝光最佳的照片。此外，AEB 功能还可以结合 Photoshop 中"曝光堆栈"的功能，实现比 HDR 模式更大的动态范围，非常适合夜景拍摄，如图 1-13 所示。

图 1-13　《宽厚里夜色航拍》（摄影：付强）

5. 定时拍摄

定时拍摄是指以所选的时间间隔连续拍摄多张照片，共有 9 个不同的时间间隔可供选择。

6. 全景

顾名思义，全景模式适合拍摄大场景的画面，有球形、180°、广角和竖拍四种全景模式。

技能点 2　设置照片拍摄参数

不同的行业和应用需求，对画幅比例和文件格式有不同的要求或标准，在拍摄前应设置好照片的画幅比例（照片尺寸）与文件格式（照片格式），如图 1-14 所示。

图 1-14　设置示意图

1. 照片的画幅比例

常见的画幅比例有 4：3、3：2 和 16：9 三种，不同的机型可选的画幅比例会有不同，16：9 的比例一般适合手机、电脑或电视等屏幕展示使用，印刷品一般选用 4：3 或 3：2 的画幅比例。

不过 16：9 的照片其实是由 4：3 或 3：2 照片裁剪后得到的，如图 1-15 所示，无人机拍摄的原始照片的画幅比例是由其搭载的相机感光元件实际的画幅比例决定的（主流的航拍无人机搭载的相机原始画幅比例多为 4：3 或 3：2）。之所以提供 16：9 这样的画幅比例选择，主要是为了方便拍摄时的构图。

图1-15　《经十路航拍》（摄影：付强）

　　如果摄影师对于构图的把握较为纯熟，建议直接将画幅比例设置为4∶3或3∶2，需要时在后期处理时可以将照片裁剪成16∶9的画幅比例，这样可以灵活满足多情景的应用。

2. 照片的文件格式

　　无人机可选择的照片文件格式主要有JPEG（JPG）和RAW（DNG）两种，JPEG因其良好的兼容性和文件大小是目前主流的照片文件格式，通用性最佳，无论是屏幕展示还是印刷出版，可支持几乎所有的应用场景。不过JPEG文件是一种压缩文件，对图像的质量有一定损失，在进行后期处理时又有很多先天不足，无论是动态范围还是白平衡、色彩等方面的调节都不如RAW格式，因此JPEG格式一般较为适合不需要对照片进行后期处理和修饰的应用场景。

　　RAW格式是数码相机拍摄的原始图像信息文件，最大程度保留了全部捕获到的图像信息，所以也被称作"数字底片"。不同厂商的RAW格式文件名称（文件后缀）也有不同，常见的有DNG、NEF、CR2、ARW等。

　　RAW格式的照片后期调节空间和效果都比JPEG更好，所以可以满足更专业的应用场景。不过，RAW格式的文件体积较JPEG更大，同样容量的存储卡能拍摄的照片数量也会比选择JPEG更少。此外，打开和处理RAW格式的照片都需要专门的App或电脑软件，因此一般不会将RAW文件直接使用，而是根据需要进行后期处理后，转换成JPEG等格式再行使用。

技能点 3　设置视频拍摄参数

1. 视频拍摄尺寸与文件格式

在 DJI GO 4 App 中将相机的拍摄模式切换成"录像"模式后，就可以调整视频的拍摄尺寸和文件格式，如图 1-16、图 1-17 所示。

图 1-16　视频拍摄参数设置项

图 1-17　视频尺寸设置项

不同机型的无人机（或独立选配相机）可选择的视频尺寸略有不同，或多或少，主要有 6K（6016×3200）、5.1K(5120×2880)、4K（4096×2160）、2.7K（2720×1530）、1080P(1920×1080) 等。视频尺寸越大，画面越清晰，但文件体积也越大，后期存储和剪辑需要的软硬件条件也越高，可根据拍摄需要灵活选择。

至于视频的文件格式，主要有 MP4、MOV、Cinema-DNG、ProRes RAW 四种

（不同机型可选择的种类不同）。其中 MP4 的兼容性和通用性最强，MOV 其次。而 Cinema-DNG 和 ProRes RAW 格式和拍照模式下的 RAW 格式一样，属于相机拍摄的原始数据，可提供更宽泛的后期处理空间，同样适于更为专业的情景下应用。

此外在视频拍摄参数的选项中还有"NTSC/PAL"的选项，NTSC 是欧美国家使用的视频制式，中国大陆地区使用的是 PAL 制式。

2. 白平衡、风格和色彩

白平衡、风格、色彩这三个选项，除了在视频拍摄参数中有以外，在拍照模式下也有同样的选项，如图 1-18 所示。无论在何种拍摄模式下，它们的作用都是一样的。

图 1-18 白平衡、风格和色彩设置示意图

（1）白平衡

白平衡是用来控制拍摄时画面所呈现出的冷暖色彩趋向的参数（无论照片还是视频），设置不同的白平衡可以让画面呈现出冷色调、中性色调或暖色调三种色彩趋向，如图 1-19 所示。

a）冷色调　　　　　　　　b）中性色调　　　　　　　　c）暖色调

图 1-19 不同条件下的白平衡

有关白平衡的相关知识在后续的课程中再做详解，这里不再赘述。一般来说不建议将其设置为 AWB（自动），应将其设置为"晴天"，可以满足绝大多数场景的拍摄需求。

（2）风格和色彩

"风格"和"色彩"这两项设置，主要影响拍摄出画面的对比度、饱和度、锐度等画面效果，可以多尝试不同风格的设置，找出符合需要的设置组合。不过在对画面效果要求更高的专业应用中，是需要在后期软件中实现更多的调节效果的。因此，建议将风格设为"NONE"、色彩设为"D-Log"，以提供更大的后期调节空间。

技能点 4 曝光控制

在飞行器和云台相机为一体式的航拍机型中，一般可选择的曝光模式有两种，一种是"自动（AUTO）"，一种是"手动（M）"，如图 1-20 所示。

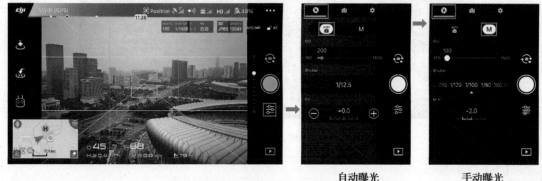

自动曝光   手动曝光

图 1-20 曝光控制示意图

无论是哪种曝光模式，相机其实都是通过调节 ISO、快门速度和光圈大小这三个曝光参数来实现曝光控制。只不过一体式的航拍机型光圈大小是固定的，无法调节，只有部分可更换镜头的云台相机才可以实现光圈大小的调节。

1. ISO

ISO 即感光度，是用来描述数码相机感光元件（CMOS）对光的敏感程度的参量。数值设置越大，感光元件对光越敏感，感光能力越强，在光线较暗的环境下也能拍摄出照片。但感光度越高，拍摄出的画质也越差，会出现很多噪点，色彩和层次也会有丢失。因此在光线良好的条件下，应尽量使用较低的感光度，以保障拍摄的画质。

目前航拍设备所搭载的相机可提供的 ISO 设置范围为 100~25600。

2. 快门（Shutter）

快门是用来控制曝光时间的参量，也叫"快门速度"或"曝光时间"，表达式为：$1/n$ 单位是 s，如 1/2、1/4、1/8、1/15、…、1/125、1/250、1/500、1/1000 等。快门速度会影响照片的清晰度和运动物体在画面中呈现的效果。

在使用无人机航拍时，飞行器和云台虽然有一定的稳定功能，但毕竟无法保障完全静止，如果快门速度太慢，飞行器即便只有很微弱的摆动，也会造成拍摄出的画面因振动而模糊。因此在航拍时，不建议将快门速度设置的过低，以保证画面的清晰度。

而对于拍摄运动物体时，如果使用较慢的快门速度，可以将运动物体拍摄出动态虚化效果；如果使用较快的快门速度，则可将运动状态定格。

3. 光圈（Aperture）

光圈是镜头中一个可伸缩大小的孔洞，是用来控制进光量多少的装置。在摄影中用光圈系数来描述光圈的大小，光圈系数常见的有：f/2、f/2.8、f/4、f/5.6、f/8、f/11、f/16、f/22 等，数值越小，光圈越大，进光量也越多；数值越大，光圈越小，进光量也越少，如图 1-21 所示。

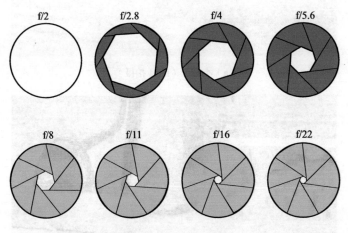

图 1-21　光圈示意图

光圈除了可以控制进光量的多少外，另一个重要的作用是控制画面的景深效果。景深是指当对焦完成后，在焦点前后成清晰画面的范围，如图 1-22 所示。

图 1-22　景深示意图

光圈越大，景深越小；光圈越小，景深越大，如图 1-23 所示。

a）小景深（f/1.4 拍摄）

b）大景深（f/16 拍摄）

图 1-23　景深比较示意图

4. 自动曝光（AUTO）

自动曝光模式下，相机会根据场景的光线条件，自动设置 ISO 和快门速度两项曝光参数进行拍摄（注：一体式机型无法调节光圈大小），多数情况下可以取得良好的曝光效果。

如果自动曝光拍摄的画面太暗或太亮，不能达到理想效果，则可以使用曝光补偿功能，如图 1-24 所示，增加或减少曝光量，重新拍摄，直到拍摄出满意曝光量的照片。

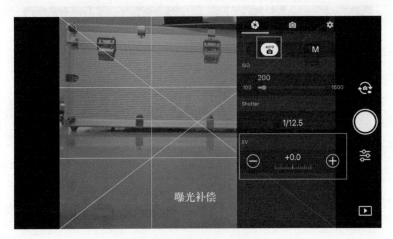

图 1-24　自动曝光示意图

5. 手动曝光（M）

手动曝光模式下，ISO 和快门速度都需要人工设置，只有设置合适后才能拍摄出曝光合适的照片。在设置时可以根据"曝光标尺"的指示并结合屏幕预览效果灵活调节，如图 1-25 所示。

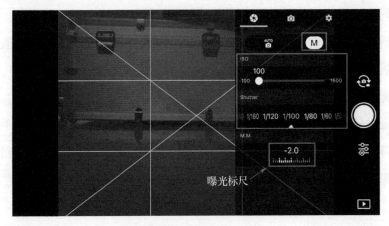

图 1-25　手动曝光示意图

6. 曝光标尺

曝光标尺是我们在拍摄时重要的参考工具，它可分为正值区、负值区和"0"位三部分。标尺的光标刻度如果在正值区，代表此时拍出画面较为明亮，正值越大，画面越亮；标尺刻度如果在负值区，代表拍出的画面较暗，负值越小，画面越暗；标尺如果在"0"位，则拍出的画面以中间调为主，如图 1-26 所示。

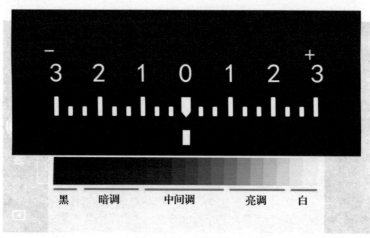

图 1-26　曝光标尺

调整曝光标尺的位置可以通过改变 ISO、快门和光圈的组合来实现。例如，我们在拍摄以亮调为主的场景时（如雪景），如果使用自动曝光模式（AUTO），相机会自动将 ISO、快门的组合设定成让曝光标尺正好在"0"的位置上，使拍出的画面以中间调为主。不过此时拍摄出的照片会比实际场景暗，因此需要根据场景实际的明暗调子增加一定量的"曝光补偿"，也就是要让曝光标尺的光标偏向正值区。此时相机会增加 ISO 或延长快门时间，这样才可以拍出更为明亮的符合实际场景明暗调子的画面。而拍摄以暗调为主的场景时，操作正好与上述相反，应减小曝光补偿，让光标位于负值区，这样才能拍出暗调场景实际的景物影调关系。所以在摄影圈里流传着"遇白则加，遇黑则减"这样一句曝光口诀。

如果拍摄时使用的是手动曝光模式，也可以根据上面的原理和思路，手动调节所需的 ISO、快门和光圈的参数，来实现曝光标尺的位置移动。而且可以根据创作需要更灵活地控制景深、运动物体清晰度等画面效果。

拓展课堂

航拍摄影的发展历史

航拍摄影又称"航空摄影"或"空中摄影"，是指利用航空器上安置专用航空摄影仪，从空中对地面或空中目标所进行的摄影方式。最早的航空摄影始于19世纪50年代，法国摄影先驱纳达尔是首位实现航拍的摄影师和气球驾驶者，他于1858年在法国巴黎上空拍摄，如图1-27所示。当时从气球上用摄影机拍摄的城市照片，虽只有观赏价值，却开创了从空中观察地球的历史。但可惜的是纳达尔的航拍照片并没有保留下来。

现存最古老的航拍照片，是1860年美国摄影师詹姆士·华莱士·布莱克（James Wallace Black，1825—1896）拍摄的。这张365m高空视角的珍贵相片，被命名为《鹰与大雁视角下的波士顿》（Boston, as the Eagle and the Wild Goose See It）。布莱克镜头下1860年10月13日的波士顿影像，也是人类第一张清晰的城市俯瞰相片，如图1-28所示。

图1-27　纳达尔乘热气球进行航拍

图1-28　《鹰与大雁视角下的波士顿》
（摄影：布莱克）

　　此后，航空摄影的载体一变再变。除了使用热气球，还有摄影师用风筝、降落伞、鸽子搭载相机，如图 1-29 所示，甚至用火箭搞航拍，比如阿尔弗雷德·诺贝尔（就是那个"诺贝尔奖"的诺贝尔）就曾经在 1897 年尝试使用火箭拍摄照片，如图 1-30 所示。

图 1-29　鸽载相机及其拍摄的照片

图 1-30　诺贝尔利用火箭搭载相机拍摄的照片

02 模块二

航空图片摄影

无人机航空摄影技术可广泛应用于国家生态环境保护、矿产资源勘探、海洋环境监测、土地利用调查、水资源开发、农作物长势监测与估产、农业作业、自然灾害监测与评估、城市规划与市政管理、森林病虫害防护与监测、公共安全、国防事业、数字地球以及广告摄影等领域，有着广阔的市场需求。本模块首先就航拍图片摄影的主题选择、主体与陪体、背景与前景等内容进行了阐述，并针对构图的精要、样式进行了详细论述，重点讲授了无人机航拍的构图形式。

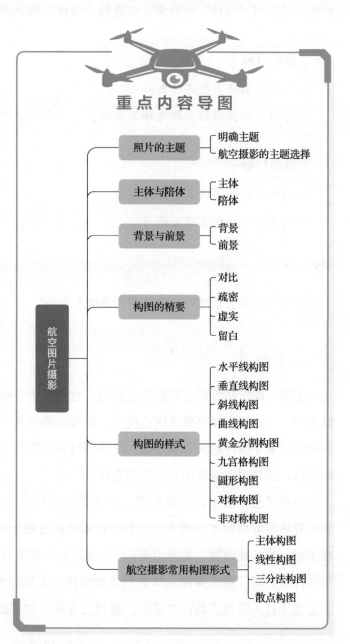

重点内容导图

航空图片摄影

- 照片的主题
  - 明确主题
  - 航空摄影的主题选择
- 主体与陪体
  - 主体
  - 陪体
- 背景与前景
  - 背景
  - 前景
- 构图的精要
  - 对比
  - 疏密
  - 虚实
  - 留白
- 构图的样式
  - 水平线构图
  - 垂直线构图
  - 斜线构图
  - 曲线构图
  - 黄金分割构图
  - 九宫格构图
  - 圆形构图
  - 对称构图
  - 非对称构图
- 航空摄影常用构图形式
  - 主体构图
  - 线性构图
  - 三分法构图
  - 散点构图

学习任务 1　照片的主题

从实用性上来讲，照片作为承载信息的介质，需要将画面信息明确、直接、有效地传递给观众。虽然摄影是客观的记录，影像是现实的镜像，但通过摄影师对取景画面的框范，最终呈现在观众面前的却是某种主观的表达。我们看到的其实是摄影师想让你看到的，是经过"设计"的影像。而这种"设计"的原则之一就是需要"明确主题"。

知识目标

- 了解摄影的主题是什么。
- 掌握航空摄影的主题选择及应用。

素养目标

- 培养学生严谨认真的工作态度。
- 培养学生的综合学习能力。

❓ 引导问题

什么是摄影的主题？应该如何选择呢？

知识点 1　明确主题

主题，即作品所要表现的中心思想，也泛指主要内容。一幅照片或一段视频，既可以表现一个人的音容笑貌或内心情感，也可以刻画某个事物的轮廓外观或细节特征，甚至是描述某个事件的情节和过程。这些都可以被称为主要内容。而这些主要内容所传递的信息，正是用来阐释中心思想的载体。

中心思想一般不会直接呈现，往往需要通过主要内容加以阐释。这和文学艺术的表达方法有异曲同工的地方，比如唐代孟郊的《游子吟》里写道："慈母手中线，游子身上衣。临行密密缝，意恐迟迟归。"内容完全是描写母亲在为即将远行的儿子缝制衣物这件事，却让读者深深地体会到母爱的伟大无私和人所共感的人性美这一中心思想，又怎能不让人发出"谁言寸草心，报得三春晖"的感慨呢！我们也不禁会问："儿女怎样才能报答母爱于万一呢？"这便是通过内容阐释中心思想的典型范例。

在摄影作品中也是如此，如图 2-1 所示。

图 2-1 《春之舞》（摄影：刘昌伦）

画面中，透过吐露春芽的柳条间隙，可以看到一对白发苍苍的老年夫妇，正在廊亭内相拥起舞。内容如此简单，却又那么生动。一个"舞"的动作，传递出的是"情"和"爱"，而嫩绿色"柳条"则传递出另一关键信息——"春"。这正契合了《春之舞》的作品名，更是直接点明了照片的主题——虽已迟暮之年，却是人生又一春！让观众不由自主地对这对幸福的老年夫妇投去羡慕的目光。

在与摄影师交流时得知，他在拍摄这幅照片时，先是远远地看到了这对老年夫妇在廊亭中跳舞，为了避免打扰到他们，摄影师并没有走近，而是在远距离进行拍摄，当拍摄了几张后，并没有取得满意的效果。因为在摄影师看来，这对老年夫妇很特别，看得出他们很恩爱，摄影师很想把这浪漫的一刻捕捉下来。但仅仅是拍下他们跳舞的动作，并不能恰如其分地表现出来这些，还需要一些信息，去烘托氛围。这时，摄影师注意到不远处垂下的柳枝，便透过柳条间隙拍下了这张较为满意的照片。

通过摄影师的拍摄过程可以看出，摄影师首先是看到了某些客观存在的、吸引他的东西，在不假思索简单记录下这一客观存在后，才发现那些真正打动他的、主观感受到的东西并没有被表现出来。而这些摄影师在现场的主观感受，恰恰就是照片所要表现的主题。在经过观察和思考过后，摄影师选择了两个主要人物——"舞者"，和一个环境元素——"柳条"。"迫使"我们透过"柳条"看到"舞者"，正是在这种对画面内容的选择和视角的框范下，照片被"设计"了出来，而且充分表达出了《春之舞》的主题意蕴。

透过以上实例不难总结出：促使我们按下快门的不是客观存在，而是那些触动人内心的主观感受。如果你仅仅是简单地记录，那最终拍下的影像，也只是某个很快会被遗忘的现实世界的时空碎片而已。摄影不是简单的照相，它是一门视觉的语言，是一门观察与思考的艺术，更是一门选择的艺术。摄影师要做的，是去体验、去感知、去思考、去选择，这样才能为你的作品寻找到一个明确的主题。

无论是哪种类型的摄影，有了主题，才有了灵魂。抛开那些以科研或勘测为目的的航空摄影不谈，多数航空摄影还是以表现自然风光或城市景观为主，虽不同于前例那种叙事为主的照片，但同样需要有一定的主题来传达感情，靠感情打动观众，不能仅是场景的鸟瞰，否则作品也会显得空洞无趣，无法拨动观众的心弦。如图 2-2 所示，就是以绿色城市为主题，用大面积的绿地和湛蓝的天空展现城市洁净的空气质量和群山环抱的人居环境。画面中虽没有难得一见的奇异的光线和独特别致的建筑景观，但依然能够打动观众，会让人有些许在此居住工作的意愿。这正是有了主题才能达到的效果。

图 2-2 《绿色城市》（摄影：付强）

知识点 2 航空摄影的主题选择

我们在进行航拍时也要因地制宜地选择合适的主题，既可以如上例那样以某种明确的表达目的为主题，也可以围绕四个字：知、见、表、现。即知其时、见其势、表其质、现其伟，来呈现被摄对象，传达一定的主题。

1. 知其时

"时"在意义来说有广义和狭义的分别。从广义来讲，是指季节的春、夏、秋、冬。不同季节有不同的景色特质，正所谓：春宜花，夏宜风，秋宜月，冬宜雪。我们可以以季节为主题进行拍摄。

要表现不同的季节，就要抓住四季中最具季节特质的景物进行拍摄。图 2-3 所示的航拍摄影作品中，就要抓住四季中最具季节特质的景物进行拍摄。这幅作品就是通过表现雪后的灵岩寺，传递出"冬季"的信息，从而加强画面的感染力。而图 2-4 所示的这一幅，利用丰富的色彩，充分展现了"秋色"这一主题的特点。

图 2-3 《雪霁灵岩寺》（摄影：戴智忠）

图 2-4 《太行秋色》（摄影：付强）

而狭义所指的"时"，是一天里的早晨至黄昏，甚至晚上。航拍时同样可以依托"时间段"这个主题，进行画面的设计和拍摄。一天中，不同时间段的光线有不同的特点。摄影最主要的条件是光源，光源对景物产生的效果，纵然只是一线之差，但都有很大的不同。无论是拍摄风光时所依靠的光源——阳光，还是拍摄城市景观时的城市照明，都应加以恰当的利用，这样便可以将其中的时间信息准确地传达给观众，如图 2-5 所示。

图 2-5 《华灯初上的特克斯八卦城》（摄影：路青林）

2. 见其势

所谓见其势，是指被摄景物的各种姿态、形势所体现出的一种力量感。山不在高而在势，水不在深而在动。"气"与"势"、"动"与"静"是相辅相成的，"气"为精神特质，"势"指状态趋向，没有"气"，"势"便显不出来，只有"势"没有"气"，则呆板而不生动，犹如死水一潭。

"气"可由"气象"来体现，即画面中的风、云、雨、雪、霜、露、虹、晕、雾、光、色等一切现象。每一种"象"都有其相对应的精神特质。"势"可由景物的状态和趋向来体现。当这些"气"与景物的"势"相结合，便可给人强烈的画面视觉感受，使人产生震撼、惊奇或动人心魂之感。图 2-6 正是利用了日落后华灯初上的光与色和英雄山立交桥蜿蜒盘旋后横跨画面的趋势走向，展现了现代化城市的大气磅礴。

这里要强调的是，不同的"气象"需要特定的天气条件或时间条件，我们只要提前规划好拍摄的时间即可。而"势"则需要寻找合适的采景位置和拍摄角度，我们需要细心选取。不过从寻找"势"这一点来说，航空摄影有着无可比拟的便利条件。要知道以前的摄影师，不辞劳苦地四处奔跑、观察、寻景，不畏其劳地选了半天位置，也不一定有无人机片刻间飞抵的角度好，更何况很多拍摄的角度，没有无人机根本就无法实现。

图 2-6　《英雄山立交桥》（摄影：付强）

3. 表其质

摄影作品中的真实感，很大一部分来自被摄物体的质感。无论是枝繁叶茂的山林，还是钢筋混凝土林立的城市，每种景物都有其自身独特的质感。如果作品中能充分将质感加以体现，景物就不再是徒具其形貌的轮廓，而是能表现得既有骨、又有肉，如图 2-7 所示。

关于如何表现质感，在后续的课程中会专门进行讲解，这里就不再赘述。

图 2-7　《塔什库尔干的农田》（摄影：路青林）

4. 现其伟

"伟",本义是高大、壮美、奇特。如图 2-8 所示,河川的曲折蜿蜒,山峦的峭拔苍秀、层峦叠嶂,一镜尽收眼底。其"伟",来自磅礴。如果把景色中这种浩大无边给以突出,即是"现其伟"。在航拍时应善于抓景物的特点、气质,充分利用远近对比、大小对比、空气透视等手法加以表现。

图 2-8 《果子沟大桥》(摄影:路青林)

航空摄影在"现其伟"上同样有着得天独厚的优势。无人机彻底解放了摄影师的空间局限,使我们可以随心所欲地获取拍摄的角度,彻底挣脱地理环境对机位的束缚,使得拍摄气势磅礴、场面宏大的场景再也不是遥不可及的事。

学习任务 2   主体与陪体

摄影不是简单的照相,它是一门视觉的语言。在用这门语言描述事物、传递信息、诠释思想的时候,恰当的表达方式至关重要。摄影的表达方式,受其语言材料的特殊性影响,虽具备与绘画相同的一些特征,不过也有其独特的地方。这些在后续的课程中我们会逐步加以讲述。但无论是什么样的表达方式,都是由画面的构图来呈现的,即对画面内容的选择、组织和布局。这也是摄影表达方式的外在体现。本节,我们将从画面构图的基本要素讲解它们的作用和意义。

知识目标

- 掌握画面构图的主体是什么。
- 掌握画面构图的陪体是什么。

素养目标

- 培养学生严谨认真的工作态度。
- 培养学生的综合学习分析能力。

? 引导问题

如何进行摄影构图？

知识点 1　主体

主体是构成画面的主要组成部分，是用以表达主题思想的主要形象，也是主题思想的揭示者。它同时也是画面的结构中心和兴趣中心，是组织画面的依据，是摄影作品的灵魂所在。它可以是一个人或者某一个物体，也可以是一群人或某一组对象。图 2-9 所示的主体是居于画面中的两幢中式建筑。

图 2-9　《老君山》（摄影：付强）

如果一幅画面中缺少主体，或主体不够突出，就无法集中观众的视线，也不容易让观众正确理解照片的内容和主题，甚至会让观众感到不适。

如图 2-10 所示，摄影师在航拍中既拍下了近处的建筑群，又拍下了远处的群山。画面中的景物看上去井井有条、有远有近，细节层次也较为丰富，似乎是张挺不错的航拍风景。不过这张照片的主体并不是非常明确，这就会让人产生很多误解。比如，近处的建筑群在画面中占据了显著的位置，我们的注意力总是不可避免地给予这些建筑更多的关注，试图寻找到更多的细节和信息；在建筑群的最右侧有一个金顶寺庙建筑，它有着独特的存在，自然会引起观众的兴趣和注意，可是它在画面中所占的比例过小，又让人觉得不一定是重点要表现的东西；而远处的群山虽然很应景，但距离我们远了一点，和蔚蓝的天空一样，作为氛围的烘托虽然很不错，但整个画面还是让人觉得什么都在那里，什么都重要，什么又都不重要，看上去是一处很不错的风景罢了，并没有什么明确的表达目的，只是一个大场景的概览，不能确认重点在哪里。

图 2-10 《冬日祁连（一）》（摄影：付强）

这样的画面，对于照片来讲就不是很理想，但是对于视频而言则另当别论。因为视频和照片在传递信息的方式上有很大不同，视频是通过一组不断变化的画面来传递信息，不同的变化和组合关系会带来不同的信息传达（这一点在后续的课程中再深入了解，这里我们先从静态的照片该如何拍摄着手，以期循序渐进）。而照片则是用一幅静态的画面传递信息，那些无须过多梳理的、明确的信息，才可以让观众更容易理解作品的主题思想。我们需要通过合理地精简和安排画面的内容，才能有助于观众快速"阅读"照片，"看懂"照片，更好地突出主题。

如图 2-11 所示，重新取景后，寺庙建筑较之前更明显了，让画面有了明确的主体。金色的屋顶和远处的群山形成了鲜明的对比和呼应，加强了画面的远近层次感。群山既烘托了氛围，也很好地交代了周围环境，同时显著的主体建筑让视觉上的感染力和冲击力得到了进一步的放大，而不像之前的画面缺乏主角，显得空泛无力。

图 2-11　《冬日祁连（二）》（摄影：付强）

通过上面的例子，我们可以更直观地感受到主体作为表达主题思想的重要作用。它既是画面的兴趣中心，也是整个画面的结构中心，在画面中应占据显著的位置。画面中的其他事物、场景都要以其为中心进行布局，形成一种全局协调的画面关系，从而让画面有深刻的含义和内容体现。这也是摄影构图的核心含义。

主体作为画面的兴趣中心和结构的中心，如何突出主体，是摄影构图的重要任务。一般来说，突出主体的方法主要有两种：一种是直接突出主体，即将主体安排在突出的位置上，或将其充满更大的空间，占据更大的画面，又或者利用光线来刻画和强调主体，使之引人注目；另一种是间接突出主体，即通过对画面环境氛围的渲染，烘托主体。需要强调一点：主体在画面上不一定占据很大的面积，但却要占据比较显要的位置，如图 2-12 所示的灯塔。

图 2-12 《东山岛喵吉灯塔》（摄影：付强）

知识点 2 陪体

讲到突出主体，就不得不说画面构图的另一个基本要素——陪体。陪体是指用以辅助主体表达内容的人或景物，起烘托、陪衬的作用，用以说明、解释主体，充分表达主体的形象，帮助揭示主题思想。图 2-11 中远处的群山即为陪体。

陪体的主要作用表现在以下三个方面。

1. 烘托作用

陪体通过与主体相异的色彩、影调、形状、质感等特征，来烘托主体形象。

2. 美化作用

陪体可以使画面造型更丰富、更自然、更生动、更具形式美感，增强画面情趣，渲染画面气氛。此外它还可起到均衡画面的作用。

3. 升华作用

优秀的摄影作品往往蕴含深刻的主题。在创作中，主体形象起主导作用，陪体则可以起到深化主题的升华作用。

陪体要为主体起到很好的说明、引荐、美化作用。通过陪体也可以增加画面的信息量，更深入地阐述主体。因此，陪体要服从主体的需要，当主体本身的表现力足以说明问题时，则可以不需要陪体。陪体要尽可能地配合主体，突出主体，不可喧宾夺主。

学习任务 3　背景与前景

摄影创作在确定了主题与被摄对象后，就需要通过背景、前景及其他衬托元素对主体进行突出显示或者烘托。

知识目标

- 掌握画面构图的背景是什么。
- 掌握画面构图的前景是什么。
- 掌握背景与前景的关系处理。

素养目标

- 培养学生严谨认真的工作态度。
- 培养学生的综合学习分析能力。

? 引导问题

什么是构图的背景和前景？

知识点 1　背景

背景是置于主体背后的环境，旨在说明主体所处的环境，起到加强主体形象、突出主体气势、丰富主体的内涵、烘托主体，以及表现一定情调、气氛的重要作用，如图 2-13 所示。

航空摄影中主要有两种拍摄角度：垂直拍摄和倾斜拍摄。当进行垂直拍摄时，画面中所有的景物都在一个"面"中，因此也就没有了"背景"和"前景"一说，但可能有主体和陪体的区分。只有在倾斜拍摄时，画面中景物间有了纵深的空间距离，才有所谓的"背景"和"前景"。

背景在起到以上作用的同时，有时还有时间性，可以反映出一个历史时期的社会信息，如图 2-14 所示。

图 2-13 《老君山》（摄影：付强）

图 2-14 《老者》（摄影：马克·吕布，1957 年于北京）

照片中主要人物是一位北京街头的老者，从他身上"时尚"的装扮和"不屑"的神情看，说是 21 世纪相信也不违和，但背景中人物的衣着、样貌以及人力三轮车立刻就将我们拉回到 20 世纪五六十年代的中国。背景在这里就起到了反映特定历史时期的作用，而且和主人公形成鲜明的对比，引人感叹！

在背景的选取上一般采取以下原则：

1）力求简洁，以突出主体，善于摒弃一切不必要的干扰主题表现的东西。

2）背景的色彩、影调不应过于接近主体，否则主体形状和轮廓特征就有可能淹没在背景之中。因此，背景要力求与主体形成色彩、影调上的对比，从而加强画面的视觉效果。

3）要选择一些富有地域特征、时代特征的景物作为画面背景，来传达画面的时间、地点等信息。

背景是摄影作品中必不可少的部分，对于作品的成败有着举足轻重的作用。背景是为主体服务的，它与主体是不可分割的统一整体。如果摄影师在拍摄时只关注主体，而忽视了对背景的把控，以致画面的背景处理不到位，那么拍摄出的画面，主体的表现就会受到来自背景杂乱因素的干扰，破坏画面的整体氛围，致使无法明确表达摄影师的真正意图。

知识点 2　前景

前景是指被摄主体前方靠近镜头的景物。前景的作用依然是烘托主体，同时还可以加强空间感，使被摄主体的空间感层次效果有效提升，如图 2-15 所示的油菜花。

图 2-15　《新安江畔》（摄影：付强）

在航拍视频时经常也会利用推镜头由前景逐渐将画面过渡到被摄主体的操作，我们也将其称为"发现式镜头"，这在后续的课程中再加以详述。

前景主要有五大功能：利用近大远小的透视关系带来视觉冲击力、装饰画面、视觉引导、内容提示以及遮挡功能。

利用前景与背景之间的空间关系营造一种层次感，加强透视效果，还可以让画面具有更大的想象空间。前景还可以帮助观众贴近画面所设定的情境，加深理解拍摄环境，使观众在观看时产生一种油然而生的亲近感。

与陪体一样，并不是每幅画面中都需要前景，前景的运用要能起到为画面增色的作用，否则可以不设置前景。一般在设置前景时可以采取以下处理方法：

1）可以将前景安排在画面边缘、四角或遍布画面，这样有助于说明主体，展现环境的空间。

2）充分利用排列有规律的物体或者肌理质感特点突出的景物做前景，可使照片增加装饰感。

3）使用具有引导视线作用的景物作为前景，可以将观众视线由近及远引导至画面中的主体或远方，增强画面空间感。

4）用具有季节性的花草树木做前景，可以增加画面的信息量。

5）使用具有引导视线作用的景物作为前景，可以将观众视线由近及远引导至画面中的主体或远方，增强画面空间感。

6）利用前景可以遮挡画面中次要或干扰信息。

除了背景和前景，画面中的留白也是一个很重要的基本组成部分，是除实体外的，起衬托作用的"空白"部分。它虽然不是实体，但可以沟通画面上的各个对象，帮助摄影师表达情感，为观众留下想象的空间，创造画面的意境，正所谓"画留三分空，生气随之发"。无，即是有；空，即是色。留白不空，留白不白，以无胜有，以少胜多，这就是留白的真正意境所在，如图 2-16 所示。

图 2-16　《三清山》（摄影：路清林）

学习任务 4　构图的精要

　　构图，即视觉元素的选择与组织。摄影的视觉元素主要包括点、线、形状、色彩、影调等。前面我们详细讲解了这些视觉元素的特性，以及它们之间相互作用能产生怎样的视觉感受和美感。这些元素在画面中充当着不同的角色，或是主体，或是陪体，或是前景，或是背景。这里，我们将探讨如何将这些元素有机地组织在一起，形成引人注目、充满魅力的画面。

知识目标

- 了解画面构图的规则是什么。
- 掌握画面构图中的对比、疏密、虚实、留白等精要的取舍。

素养目标

- 培养学生严谨认真的工作态度。
- 培养学生的综合学习分析能力。

❓ 引导问题

　　日常拍摄时，我们都要掌握哪些构图的技巧和注意事项？

　　构图的第一个规则就是没有规则。我们不能机械地将这些构图元素按照某种顺序或清单逐步将其放置在画面中的某一个固定位置，而是要将画面看作一个整体结构。画面中的每一个元素都会影响到另一个元素，它们不是单独存在，而是共同作用。构图要做的，就是要让所有的视觉元素组合成一个有机的整体，一起为主题服务。就像烹饪一样，油、盐、酱、醋各种调料，酸、甜、苦、辣各类味道，不同的食材，要辅以不同的调配，不同的烹饪方法，最终才能奉上一桌美味佳肴。

　　说构图没有规则，是因为"构图有法而无定法"。所谓的构图基本规则，只是无数摄影艺术家总结的一些经验或表现手法，可以快速地帮助我们建立一些良好的构图思维习惯和意识。这些基本规则并非不可逾越的法律法规，我们在拍摄和创作中也要灵活运用和变通。下面我们就先避开条条框框的所谓构图规则，从画面元素的对比开始，换一种思路理解构图的目的。

知识点 1　对比

对比是摄影最为重要的一种表现手法，包括明暗、大小、长短、动静、轻重、色彩、质感、形状、体积等。对比是形成视觉美的基础之一，运用对比，可以增强主体的表现力，凸显主体对于陪体的特征要素。航拍摄影主要拍摄的是风光和景观，同一画面中的对比越多，画面越精彩，而构图的目的之一就是将对比充分地呈现在画面中。

常见的对比主要有以下几种形式。

1. 大小对比

总的来讲，大小对比主要有两种形式：

1）画面中存在两个以上被摄体，且其在体积、高度、宽度等方面具有明显的大小差异，如成人与儿童、篮球与乒乓球等。

2）利用近大远小的透视原理，特别是使用广角镜头时，这种透视会更加明显，如一组排列整齐、大小一致的陶器，在镜头中就会出现明显的大小对比效果。

大小对比可以提升照片的视觉张力，有效地突出主体的气势，增加画面的空间感，如图 2-17 所示。值得注意的是，在摄影构图中并非只能拿"大的"当作照片的主体，有时"大的"被摄体只是"小的"被摄体的陪体，这一点也要特别留意。

图 2-17　《沙漠行舟》（摄影：付强）

2. 明暗对比与画面反差

由于物体表面的自身颜色、光线强弱的不同，会产生明显的明暗反差，我们要充分利用这种反差，营造出明暗对比的画面效果，如图 2-18 所示。由于光线的存在，物体受光面就会比阴暗面亮，这样就会在二维图像中产生三维空间感，这对于刻画人物、静物的立体效果非常有帮助。

图 2-18　《曲线习作 1》（摄影：付强）

在风光摄影中，合理地利用明暗对比，形成暗中有明、明中有暗、明暗相间的效果，会使画面产生丰富的层次感，如图 2-19 所示。

图 2-19　《老君山》（摄影：付强）

3. 形状对比

世间万物都是由各种点、线、面结合而成，不同的组合形成不同的形状。形状对比就是利用各种不同的形状元素之间的相互关联和矛盾，使其在同一幅画面中表现出和谐统一，如图 2-20 所示。

形状对比有其特殊的趣味性，有时是采用同一质地的不同形状进行对比，而有时又采用不同质地的趋同形状进行对比。

图 2-20 《阿尔山草场》（摄影：姜明文）

4. 质感对比

质感一般指某物品的表面材质带给人的直观感觉。在摄影上，质感是决定照片风格和内涵的重要因素，摄影师通过光线的明暗、高低等造型手段，使被摄体的质感得以提升或刻意掩盖其质感。例如，我们既可以使用较硬的光线突出一条铁链的冰冷粗糙质感，也可以使用较软的光线掩盖模特面部的一些瑕疵等。

通过不同质感的表现，会产生强烈的对比，如平滑和粗糙的对比、柔软和刚硬的对比、透明和不透明的对比等，如图 2-21 所示。

5. 动静对比

动静对比是指摄影构图中的各构图元素分别表现为静态和动态，并且动中带静、以静衬动、动静结合的一种构图方式。"动"的程度往往影响到画面的氛围，如飞驰的汽车可以表现公路的繁忙，流动的溪水却表现得柔和婉约，如图 2-22 所示。

图 2-21　《海韵》（摄影：付强）

图 2-22　《夜色流光》（摄影：付强）

▶ 知识点 2　疏密

摄影构图的诸多组成元素，要恰到好处地安排在同一个画面中，就要讲究疏密有致。元素安排得当有序，表现出摄影构图应有的美感，如图 2-23 所示；如果元素安排得不合理，如过于程式化或随意化，则会出现重复、堆砌、杂乱、无序等现象，导致画面缺乏应有的美感。因此，在摄影构图的布局阶段，我们就要把所有构图元素做一个合理有序的疏密规划。

图 2-23　《春日》（摄影：付强）

"疏能走马，密不阻风"，这是中国画的画理名言，对于摄影构图来讲，也极具借鉴价值。无论是疏与密，其实都是构图元素不同的节奏和韵律排布。

1. 疏能走马

"疏"处不是空虚，一无长物，疏而无景。在摄影构图中，如果过于强调"疏"则经常会陷入松松垮垮的误区，为了追求"疏"，而不顾画面的完整性，导致画面松弛，视觉效果中心过于分散，毫无凝聚力。因此，在构图时，要注意"疏"而不松，一定要保证画面视觉中心的关联性，充分发掘景物间内在的必然联系，这种联系或者是形状的统一，或者是走向的一致，又或者是内容的协调，如图 2-24 所示。

图 2-24　《海滨》（摄影：刘昌伦）

2. 密不阻风

　　除了"密不阻风"，还得有立锥之地，切不可使人感到窒息。和"疏"正好相反，过分强调"密"，则会使摄影构图显得呆板、阻滞，影响画面主题的表达。在实际应用中，我们要善于发现存在于"密"中的不同点，或者说是发现某种规律，并利用这种规律进行合理构图，充分体现画面的美感，如图 2-25 所示。

图 2-25　《春》（摄影：付强）

知识点 3　虚实

除了疏密，虚实也是摄影构图中非常重要的原则之一。在这点上，摄影与绘画异曲同工，正如国画大师潘天寿在画理中讲的"画事之布置，极重疏、密、虚、实四字"，能疏密，能虚实，即能得空灵变化于景外矣。在摄影创作中，我们可以采用以下方法体现虚实对比。

1．选择性聚焦

我们都知道，要想实现虚实对比强烈的效果，最常见的方法就是获得较浅的景深，这就是需要相应地调整光圈、焦距和物距。光圈越大、景深越小，光圈越小、景深越大；焦距越大、景深越小，焦距越小、景深越大；物距越大、景深越大，物距越小、景深越小。

我们既可以对背景进行虚化，有效地突出主体，使主体与背景产生足够的空间感，如图 2-26 所示，也可以对前景进行虚化，有效地引导观者的视线，从虚化的前景自然转向清晰的主体。

图 2-26　《荷花》（摄影：付强）

2．以动为虚，以静为实

动静对比其实前边已经讲过了，实际上动和静也是获得虚实效果的主要手段之一。

3．虚实与空气透视

由于空气中含有大量的灰尘及水汽，光线在通过空气时，便会产生衰减，所以我们看到的画面往往近处比较实，而远处比较虚，这就是所谓的空气透视。我们可以利用这种特性，在构图时有意纳入较"实"的前景和较"虚"的远景，增加画面层次感，如图 2-27 所示。

图 2-27　《桃花源》（摄影：付强）

知识点 4　留白

在画面经营中，留白具有重要的意义。留白有助于突出主体，在被摄主体周围留白，是所有造型艺术的共同规律之一，主体突出了，主题才能够得以体现。

1. 留白与取舍

留不留白，留多少白，是在摄影构图中必须要考虑的。取舍的实现方式很多，我们既可以改变视角和焦距，把需要舍弃的内容框到画面之外，也可以使用虚化的方式把无法通过改变视角和焦距的内容尽可能虚化，也算是一种舍弃，要虚化到对主体产生的影响越小越好，如图 2-28 所示。

对于留白的多少，主要根据作者需要的画面效果而定，一般情况下，要尽量避免实体与留白的面积对等，这样会使画面显得过于呆板。当需要表达空灵、通透、深远的意境时，则需要留白面积较大，给观者足够的遐想空间。

图 2-28 《海滩》（摄影：付强）

2. 抓住留白的机会

在摄影创作中，我们也要有意识地寻找或等待能够造成留白的各种景观。高山水远之境，运用留白的方式尽可得之。凡雾之朦胧、水之缥缈、雪之纯净、天之悠远，都可增加留白的可能性，在摄影构图中要注意抓住这种留白的机会。

学习任务 5　构图的样式

知识目标

- 了解画面构图的样式。
- 学会运用不同的构图样式进行画面设计。

素养目标

- 培养学生严谨认真的工作态度。
- 培养学生的创新能力。

你平时了解到的拍摄构图的样式有哪些呢？

知识点 1　水平线构图

　　水平线具有稳定、扩张、延伸、宁静、广阔、博大、深远的感情特征。水平线在自然界中很常见，以水平线为主导的构图形式即为水平线构图，主要用于表现广阔、宽敞的大场面，如大海、日出、草原、远山、河湖等，如图2-29所示。运用水平线构图时，一定要注意线条的水平程度，稍有倾斜就会让观众感觉到画面不够严谨，导致对摄影师的专业程度产生怀疑。

图2-29　《牛心山》（摄影：姜明文）

知识点 2　垂直线构图

　　垂直线具有简洁、上升、张力、明确性、坚毅、阳刚气、锐利性、庄重的感情特征。垂直线还可给观众带来亲密和温暖的联想。垂直线构图中画面的主导线形是上下方向延伸的直线，采用垂直线构图主要是为了强调拍摄对象的高度和纵向气势，如摩天大楼、树木、山峰等，如图2-30所示。

图 2-30　《齐河黄河大桥》（摄影：付强）

知识点 3　斜线构图

　　水平线是冷漠的，垂直线是温暖的，而斜线给人的感觉则介于两者之间。斜线具有动感、活跃、不安定的感情特征，具有很强的方向感和速度感，如图 2-31 所示。

图 2-31　《龙烟铁路沿线》（摄影：付强）

　　采用斜线构图有两个优点：一是能产生纵伸的运动感和指向性，交流感强；二是能给人以三维空间的印象，增加空间感和透视感。

知识点4　曲线构图

曲线是直线运动方向改变所形成的轨迹，因此它的动感和力度都比直线要强，表现力和感情也更加丰富，象征着柔美、浪漫、优雅、和谐，与直线在视觉上形成鲜明的对比。曲线构图不仅能给人韵律感和流动感，还能有效表现出被摄对象的空间和深度，把分散的景物连成一个有机的整体，如图 2-32 所示。

图 2-32　《黄河入海口日出》（摄影：姜明文）

知识点5　黄金分割构图

黄金分割是一种古老的数学方法，创始人是古希腊的毕达哥拉斯，其内容是：一条线段的某一部分与另一部分之比，如果正好等于另一部分同整个线段的比，即 0.618，那么，这样的比例会给人一种美感，如图 2-33 所示。后来，这一神奇的比例关系在建筑、绘画、摄影等领域广泛应用，称为公认的审美标准之一，如图 2-34 所示。

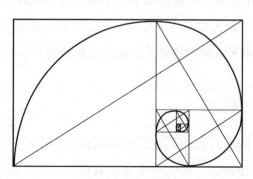

图 2-33　黄金分割

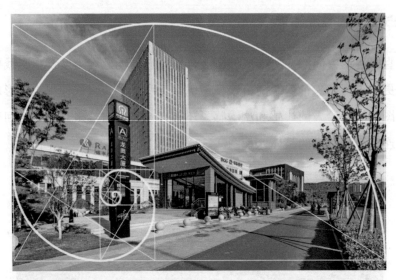

图 2-34　《龙奥地铁站景观》（摄影：JSPA-Studio）

知识点 6　九宫格构图

九宫格构图也叫三分法构图，其实可以看作黄金分割构图的一种简化。大多数情况下，把拍摄主体放画面中心位置会缺乏生机和趣味，因为感受不到主体动态及图片张力。

这里向大家介绍的九宫格构图，就是将场景用两条竖线和两条横线平均分割，形成一个"井"字形九宫格，这样就把图片分成了九块。把图片的主体或者是兴趣中心放到横竖线的交点，这样构图下的图片看起来更为舒适。特别是当摄影主体指向画面的中心位置，图片也更加生动。

在航拍应用中，可以设定在监视器上显示九宫格辅助线，用来帮助构图。这些网格线用处很多，比如查看水平线是否是水平。在具体操作中，可以使用三分法规则来"分割"天空和海洋或者其他元素。一般情况下，不要把地平线放到图片中间，应把地平线放到占据图片 2/3 处；如果天空的内容较为丰富，可以尝试把天空占据图片的 2/3。目前，多数无人机只支持水平方向拍摄横片，如果要拍摄竖片，可以通过后期裁剪。

知识点 7　圆形构图

利用圆形图案或结构进行构图，在景观和风光摄影中很常见，可以很好地提高画面美感。圆形自带的封闭效果，在构图中非常有价值，它"圈出"了放置在圆中的东西，等于告知了观众该关注的重点，集中观众注意力的效果很明显。但要小心，圆形会让在它周围的东西看起来都不重要了，在进行构图设计时要注意这一点，如图 2-35 所示。

图 2-35 《车轮》（摄影：付强）

不过，圆形构图不是说画面中一定要有个圆形的实物才叫圆形构图，只要画面中的景物排列的结构关系是个圆或近似于圆即可，如图 2-36、图 2-37 所示。

图 2-36 《哈尼人家》（摄影：司健）　　图 2-37 《超然楼》（摄影：付强）

知识点 8　对称构图

这种构图法具有平衡、稳定的特性，比效符合审美习惯，常用于表现对称的物体和建筑物，如图 2-38 所示。

图 2-38　《法门寺1》（摄影：付强）

知识点 9　非对称构图

非对称构图是将景物故意安排在某一角或某一边，给人以遐想，富有情趣，如图 2-39 所示。

图 2-39　《法门寺2》（摄影：付强）

学习任务 6　航空摄影常用构图形式

航拍视角高、视野广，虽然可以拍摄出平常难得一见的画面，但也因其画面广博、容纳百川的特点，很容易将场景拍成鸟瞰的概览图，如果不讲究构图，只是纷然杂陈了许多景物，便很容易让画面显得杂而不精、博而不纯。特别是航拍无人机多数配备的都是广角镜头，广上加广，更加剧了初学者构图的难度。本学习任务的内容主要针对航拍摄影的特点，帮助大家掌握基本的航拍摄影取景和构图技巧。

知识目标

- 了解航拍摄影的构图形式。
- 掌握航拍摄影取景构图技巧。

素养目标

- 培养学生综合学习分析能力。
- 培养学生的勇于创新的能力。

? 引导问题

我们航拍构图时，有哪些好的技巧可供运用？

技能点 1　主体构图

主体是反映内容和主题的主要载体，同时也是画面的结构中心和兴趣中心。突出主体的方法和思路有很多，其中一种就是让主体居于画面中心，占据足够大的面积，虽简单粗暴，但行之有效，如图 2-40 所示。

技能点 2　线性构图

不同形式的线条（如斜线、曲线、折线等），本身就会给人以一种形式感和美感，所以在航拍时我们可以直接以线条感明显的景物作为主体，采用主体构图的方法进行拍摄，如图 2-41 所示。

图 2-40 《我爱济南》（摄影：刘昌伦）

图 2-41 《立交桥》（摄影：骆跃峰）

　　只不过很多时候，我们拍摄的场景中要表现的东西不仅是这些线性的景物，或者单一的主体，还有其他更多、更复杂的东西。此时就需要我们将复杂多样的景物进行整理、排列，才会让画面井井有条，杂而不乱。

　　我们在使用导航软件或查阅地图时都有一种体会，除了可以采取直接输入目的地信息的方式外，有时也会沿着某条道路或者道路的交叉口寻找我们的目的地，而不是满地图盲目地搜寻。这揭示了人们看地图时的一个思维习惯，就是会去寻找"线条（道路）"，并以"线条"为线索去探索地图。我们在看照片时，这一思维习惯也是存在的，同样会将画面中的线条看作是线索，并沿线索去观看和获取信息。我们可以利用这一点，把场景中存在的线性景物作为线索，将繁杂的景物串联起来，形成有条理的整体画面。

图 2-42 中就是以城市道路作为线条线索，将城市中复杂多样的建筑群进行了区域划分，让画面看上去有规有矩。

图 2-42　《城市夜色》（摄影：骆跃峰）

技能点 3　三分法构图

三分法构图是一种以黄金分割比例为原理，非常简单实用的构图方法，只需将画面横向或纵向等分为三份，然后以此为据安排画面内容。它在构图时常以四条辅助线为参考，因此也被称为井字形构图或九宫格构图，如图 2-43 所示。

我们在使用三分法构图时，常见的一种取景方式是将场景中的景物分解成前景、中景和远景，分别安排在画面的下三分之一、中三分之一和上三分之一，这样既做到了井井有条，也会让画面的纵深感得到展现。

图 2-43 《巴音布鲁克》（摄影：戴智忠）

技能点 4 散点构图

散点构图比较适合拍摄个体相对较小，但又较为明显，且数量较多的景物，如图 2-44 所示。

图 2-44 《冬季坝上》（摄影：戴智忠）

可以看出，这种相似景物不断的重复排列会带给人们一种独特地节奏感和美感。我们只需要顺着这样的思路，就可以总结出拍摄重复元素的构图技巧，这些重复的元素不一定就是所谓的"点状物"，只要是具有相似性的重复元素即可，如图 2-45a 所示的场景中，就有很多相似性的重复元素，我们要做的就是将其找出来（图 2-45b），呈现给观众即可。

无论景物的样貌是何形态，只要是数量众多、不断重复，我们就可以将其处理成某种图案的形式，因此又可以将这种方法称为图案式构图。

a)《水处理厂 1》   b)《水处理厂 2》

图 2-45　《水处理厂》（摄影：付强）

拓展课堂

航拍小技巧

无人机航空摄影在各个领域广泛应用，既有需要影像具备高清晰度、曝光准确、比例精确的科学类摄影，又有需具备广告摄影、公关摄影等以宣传传播为目的的应用型摄影，还有纯粹的风光、艺术类创作为目的拍摄，如图 2-46 所示。不同的应用环境，对信息传达的要求都是不一样的，所以摄影师需要根据最终影像使用的目的，有针对性地规划拍摄方案，方可让拍出的影像满足不同领域的应用需求。

例如，航空摄影中会经常有一些仅为记录环境样貌的画面，虽然此类环境记录照一般是作为影像资料使用，没有更多审美方面的要求，但不代表就可以随意拍摄。在保障真实记录客观景象的同时，还是应该遵循一般的画面构成规律，将画面中的各种景物有序安排，才不至于庞杂散乱。图 2-47 就是巧妙利用了街道的倾斜走向所形成的斜线式构图，引导观众视线由左及右、由近及远地有序观看。

图 2-46　《土耳其航拍》（摄影：路青林）

图 2-47　《环境样貌航拍》（摄影：JSPA-Studio）

03
模块三

航拍视频

视频和照片一个是动态的，一个是静态的，所以在传递信息的方式上有很大不同。视频是通过一组不断变化的画面来传递信息，信息的获取不是一蹴而就的，而是随时间的推进（或者说画面变化）逐步传达给观众，并且不同的画面变化和组合关系也会带来不同的信息传达；而照片则是通过单一画面中的景物关系和瞬间状态传递信息，无关信息量的多少，都是"一次性"传递的。

也正因为视频画面是不断变化的，如果不从头到尾看完视频，就无法获取全部信息，所以观众在观看视频时总带着一种"下一帧会如何变化"的好奇心理，或者期待画面产生变化，而不是一成不变。

航拍摄影拍摄的主要景物都是静止不动的，航拍视频的拍摄，"变化"是关键的要素和原则。本模块我们就将以运动镜头为索引，讲解航拍视频的相关知识和技巧，主要包括各类运动镜头的介绍，以及航拍镜头的运用等内容。学生通过学习，应该掌握运镜的基本知识点，并结合航拍特点，灵活运用各种运镜方法。

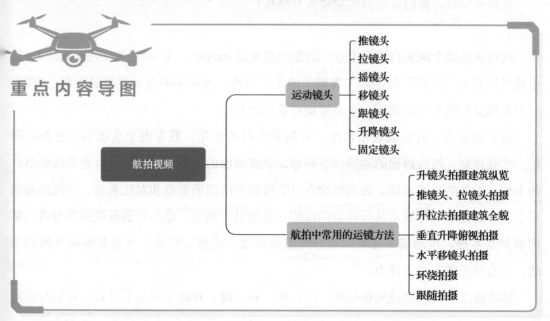

重点内容导图

航拍视频
├─ 运动镜头
│   ├─ 推镜头
│   ├─ 拉镜头
│   ├─ 摇镜头
│   ├─ 移镜头
│   ├─ 跟镜头
│   ├─ 升降镜头
│   └─ 固定镜头
└─ 航拍中常用的运镜方法
    ├─ 升镜头拍摄建筑纵览
    ├─ 推镜头、拉镜头拍摄
    ├─ 升拉法拍摄建筑全貌
    ├─ 垂直升降俯视拍摄
    ├─ 水平移镜头拍摄
    ├─ 环绕拍摄
    └─ 跟随拍摄

学习任务 1　运动镜头

镜头的运动，也就是我们说的运动镜头，是指摄影机在运动中拍摄的镜头。把被摄主体的运动状态通过摄影机的运动镜头呈现出来，这是视频区别于静态摄影、绘画等艺术的独特魅力。运动镜头是视频的重要表现手段之一，也是创作者主观感情介入的重要方式。

技能目标

- 了解运动镜头的分类。
- 掌握推、拉、摇等 7 种镜头的原理及运用方法。
- 能够运用 7 种运镜拍摄影像。

素养目标

- 培养精益求精、坚持不懈的职业素养。
- 培养学生认真负责的态度。

？ 引导问题

航拍视频时，我们常用的运动镜头有哪些？

运动镜头这个词来自电影工业。电影的英文是 movies，又称为 "moving pictures"，由此可以看出 "运动" 是电影（视频）的先天属性。视频中的运动主要分为两个方面，一个是拍摄时镜头的运动，一个是被摄对象的运动。

镜头的运动，可以展现出情绪、时间和空间的变化，既有助于突破固定的画幅限制，扩张视野，增强画面的动感和空间感，丰富画面的造型形式，又可以起到描绘事件的发生、发展的真实过程，表现事物在时空转换中的因果关系和对比关系，增强画面的可信度，更是可以将观众从旁观者的地位，逐步引入画面，成为身临其境的参与者，从而增加真实感。运动镜头还可以很好地渲染开朗、压抑、舒畅、紧张等各种气氛和情绪，具有极强的艺术表现力。

标准概念中，运动镜头包括推、拉、摇、移、跟、升降 6 种基本形式，它们与固定镜头一同构成我们常说的运镜方式。无论是普通的视频拍摄还是航拍，这些运动镜头不仅会单独运用，还经常会几种运镜方式结合使用。

技能点1　推镜头

推镜头是指摄影机从相对被摄对象较远的位置向近处做纵向运动，或变动镜头焦距（从广角调至长焦）的镜头。航拍中，控制飞行器沿直线朝向某一景物飞行，画面内的景物逐渐放大，使观众的视线从整体看到某一局部，就是典型的推镜头。

1）快速地推：节奏感强，视觉冲击力强，可造成紧张不安或惊险刺激的感觉。

2）慢速地推：节奏舒缓，可显示安宁、幽静气氛，有比较强的抒情意味。

推镜头具有明确的主体目标，推进的方向、最终落点落幅是强调的重点。推镜头向前的运动，不是漫无边际的，而是具有明确的推进方向和终止目标的，即最终所要强调和表现的是被摄主体，由主体决定了镜头的推进方向。镜头向前运动的方向性有着"引导"，甚至是"强迫"观众注意被摄主体的作用；同时，推镜头的落幅画面最后使被摄主体处于画面中醒目的结构中心的位置，给人以鲜明强烈的视觉印象。也就是说，观众很容易在镜头推进的过程中，领悟到画面所要表现的主体景物。

技能点2　拉镜头

拉镜头是摄像机逐渐远离被摄主体，或变动镜头焦距（从长焦调至广角）使画面框架由近至远与主体拉开距离的拍摄方法。航拍中，控制飞行器沿直线飞离主体并且进行拍摄即为典型的拉镜头。

航拍时，拉镜头使被摄主体在画面中由大变小，环境则由小变大，画面表现的空间逐渐展开，随着镜头的移动，原主体视觉形象减弱，环境因素加强。因此，拉镜头有利于表现主体与环境、局部与整体的关系，并且强调主体所处的环境。

技能点3　摇镜头

摇镜头指摄像机机位不动，借助于云台或拍摄者自身，变动摄像机光学镜头轴线拍摄的镜头。航拍时，以飞行器为轴心做旋转运动，或者控制云台相机做纵向旋转运动，使画面扫过一定角度即为摇镜头。

摇镜头具有介绍环境的功能，而且可以通过摇镜头扩大观看的视野，展示更多的视觉信息。因为摄像机的取景范围有限，一些宏伟的场面和景物就无法在画面中完整表现。摇摄时虽然摄像机的机位不动，但围绕轴心的运动将观众的视线在摇摄的方向上展开，可以突破画面框架的空间局限，扩展画面的表现空间，使画面更加开阔，周围景物尽收眼底。对于横向分布的物体，如群山、大坝、大桥、长城等横线条景物用水平摇；对于纵向分布的物体用垂直摇，能够完整而连续地展示其全貌，形成高大、威武、壮观、雄伟的气势。所以，摇镜头可以包容更多的视觉信息。

摇镜头还可以帮助建立场景中景物间的内在联系。例如，航拍黄河入海口，画面由朝向西面，缓缓摇至向东，就展现出黄河自西流向东，直至注入渤海的地理关系。

在介绍和交代两个事物的空间关系的时候，摇速直接影响着观众对这两个事物空间距离的把握。慢摇可以将现实两个相距较近的事物表现得较远，反之，快摇可以将两个相距较远的事物表现得相距较近。摇摄的速度也会引起观众视觉感受上的微妙变化，摇摄速度的正确选择是每一个优秀的摇镜头都离不开的。摇摄的速度还应充分考虑到观众对画面物体的辨认速度。对于不易识别或容易造成视觉错误的物体，以及线条层次丰富、复杂的景物，拍摄时摇速适当慢一些；而一些结构简单或非主要的物体，摇速就应快些。

摇镜头起、停必须干脆。在摇镜头拍摄前，摄影师应对起落幅有一个预期的计划。在拍摄开始略有停留，让观众看清起幅；运动过程应当做到画面平稳、速度均匀流畅，最后略有减速，干脆果断地停留在落幅画面上。摇镜头切忌摇动过程断断续续、磕磕绊绊，落幅犹犹豫豫、似停还动，这样会造成观众心里感觉疙疙瘩瘩，破坏观众的观看情绪，影响视频的流畅与美感。一般情况下，摇摄都是单向的，或从左到右，或从上到下，切忌对画面内容的不确定而造成反复摇摄的画面。

技能点 4　移镜头

移镜头即在被摄对象固定、焦距不变的情况下，摄影机做某个方向的平移拍摄。

移镜头按照移动方向的不同，可以分为以下几种：

1）横移：摄影机的位置横向移动，表现在画面中则为镜头表现对象由画框的左边或右边移入，然后由画框的右边或左边移出。横移是水平方向上的运动，也称平移。

2）竖移：摄影机的位置竖向移动，表现在画面中则为镜头表现对象由画框的上方或下方移入，然后由画框的下方或上方移出。因此，竖移镜头有上移与下移之分。

3）斜移：摄影机的位置斜向移动，表现在画面中则为镜头表现对象由画框的一角移入，然后由画框另一角移出。

4）弧移：摄影机移动的轨迹成弧形，航拍时的定点环绕飞行拍摄即为弧移。

移镜头和摇镜头同样可以拓展画面的空间，但与摇镜头不同的是：移镜头的视点是在不断变化的，可以通过视点的移动表现被摄物的侧面甚至背面（如采用弧移环绕拍摄），而摇镜头则无法展现被摄物体的侧面或背面。

技能点 5　跟镜头

前面说了，视频中的运动有两个方面：一是镜头的运动；二是被摄对象的运动。跟镜头是指摄像机始终跟随运动的被摄对象进行的拍摄方式，用这种方式拍摄的画面称为跟镜头，也叫跟拍。

根据摄像机跟随被摄对象运动的方向，跟镜头可以分为侧跟、前跟和后跟。侧跟时摄影机在被摄对象的侧面跟随；前跟是摄影机在前面倒退拍摄被摄对象的正面；后跟是在后面跟随拍摄。

跟镜头的运动方式其实就是移镜头，只不过画面的主体是运动物体罢了。跟镜头的画面始终跟随一个运动的主体，该主体也始终处于画面中心，摄像机运动的速度取决于被摄对象的运动速度，运动的方向与被摄对象相一致。

跟镜头的画面背景连续改变，被摄对象与摄像机同速运动，主体在画面中相对固定，而背景环境则始终处于变化中。这种拍摄技巧能够连续而详尽地表现运动中的被摄主体，又能交代主体的运动方向、速度、体态及其与环境的关系，使物体的运动保持连贯。表面上是被摄主体的运动带领摄像机运动，实际上是引导观众视线跟随被摄主体进行运动和观察，表现出强烈的现场感和参与感。

拍摄时要确保准确跟随被摄主体，摄像机（飞行器）的运动要均匀，而被摄主体的运动速度可能不均匀，路线也可能不是直线，如何使摄像机准确跟随被摄主体，使两种运动速度保持一致，这需要拍摄的基本功，也需要在跟拍前对被摄主体运动的方向、速度、路径有个大致的预判。同时，应避免画面中的被摄主体忽左忽右、忽上忽下的变化，使观众产生视觉疲劳。另外，在跟拍过程中，焦点、拍摄角度、光线角度都有可能变化，要及时注意调整，使画面中主体保证清晰，位置基本一致。

技能点 6　升降镜头

升降镜头其实也是移镜头的一种，只是以前无人机航拍尚未普及，想要实现大范围的升降拍摄，摄像机借助升降装置等，一边升降一边拍摄，所以单独被列举为一类运动镜头。

升降镜头可分为垂直升降、斜向升降和不规则升降三种。使用航拍时只需要控制飞行器按相应的方向移摄即可实现所谓的升降镜头。

升降的移动方式特别有利于表现高大物体的各个局部，比如航拍城市中的高大建筑、自然景观中的峡谷、山峰等。升降镜头在垂直地展现高大物体时，不同于垂直的摇镜头，垂直的摇镜头由于机位固定、透视变化，高处的局部可能会发生变形；而升降镜头则可以在一个镜头中用固定的焦距和固定的景别对各个局部进行准确的再现。

升降镜头常用来展示场面的规模、气势和氛围。升降镜头能够强化空间高度感和气势感，特别是在一些大场面中，控制得当的升降镜头，能够非常传神地表现出现场的宏大气势。尤其是当我们把升降镜头与推、拉、摇及变焦距镜头运动等多种运动摄像方式结合使用时，会构成一种更加复杂多样、更为流畅活跃的表现形式，能在复杂的空间场面和场景中取得收放自如、变化多端的视觉效果。

技能点 7　固定镜头

以上介绍了 6 种运动镜头的基本概念，与之相对的，拍摄时摄影机机位、镜头光轴和焦距都固定不变的情况下拍摄的镜头则被称为固定镜头。

固定镜头是一种静态造型方式，被摄对象可以是静态的，也可以是动态的，它的核心就是画面所依附的框架不动，但是它又不完全等同于照片。画面中人或物可以任意移动、入画出画，同一画面的光影也可以发生变化。

固定镜头有利于表现静态环境。常常用远景、全景等大景别固定画面交待事件发生的地点和环境。固定镜头由于其稳定的视点和静止的框架，便于通过静态造型引发趋向于"静"的心理反应，给观众以深沉、庄重、宁静、肃穆等感受。

固定镜头视点单一，视域区受到画面框架的限制，画面内的造型元素是相对集中、比较稳定的，对活动轨迹和运动范围较大的被摄主体难以很好表现，比如运动中的汽车或奔跑中的人等。因此，在航拍中固定镜头相对使用得较少。

学习任务 2　航拍中常用的运镜方法

想要拍出满意的航拍视频，就需要掌握一些基本的飞行技法和运镜方式。本学习任务将结合实例介绍一些常用的飞行运镜方法。

技能目标

- 了解航拍运镜的分类方法有哪些。
- 掌握航拍运镜常用的 7 种操作方法。

素养目标

- 培养精益求精、坚持不懈的职业素养。
- 培养学生认真负责的态度。
- 培养学生的法治意识、规则意识。

？ 引导问题

航拍实践中，我们都会用到哪些运镜方法？

技能点 1　升镜头拍摄建筑纵览

升镜头拍摄是航拍中最常规的拍摄方法，无人机起飞的第一件事就是上升飞行，只要起飞后，就可以开始拍摄。自下而上、从低到高的拍摄，可以很好地通过展现空间高度的变化表现被摄对象高耸的形象。升镜头拍摄时，无人机的飞行轨迹如图 3-1 所示。

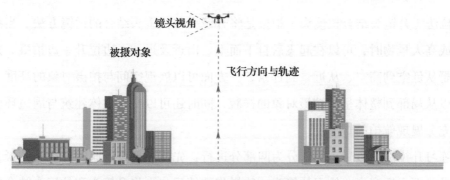

图 3-1　升镜头拍摄示意图

技能点 2 推镜头、拉镜头拍摄

推镜头或拉镜头需操作无人机向前或向后水平飞行，飞行轨迹如图 3-2 所示。

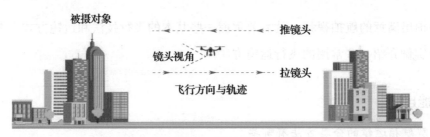

图 3-2 推镜头、拉镜头拍摄示意图

在使用推拉镜头拍摄时，摄像机的镜头可以水平拍摄，也可以与水平面成一定角度俯拍，具体要根据飞行的高度和被摄主体景物的位置确定。当镜头有了一定的俯视角度拍摄时，就同时结合了移镜头一同运镜，如图 3-3 所示。

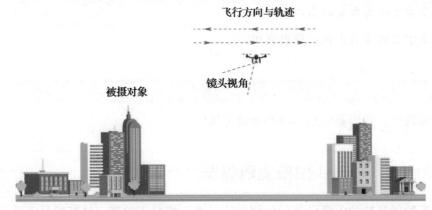

图 3-3 移镜头拍摄示意图

技能点 3 升拉法拍摄建筑全貌

升拉法（升镜头结合拉镜头）拍摄是将升镜头与拉镜头结合的运镜方法。当我们拍摄建筑或高大景物时，可以在起飞后自下而上、由近及远，一边拉升一边拍摄。升拉镜头的视野从低空到高空、从近景到远景，一方面可以展现空间与拍摄对象的高度，另一方面可以从局部到整体呈现被摄对象的样貌，同时还可以交代主体建筑与周边环境的关系，可充分展现航拍的魅力。

在练习升拉法拍摄时，可以分为两部分进行：先练习垂直方向的升镜头拍摄，再将飞行器悬停至合适高度，练习拉镜头。待操作熟练后，再将升镜头和拉镜头结合在一起拍摄。升拉法拍摄时无人机的运动轨迹如图 3-4 所示。

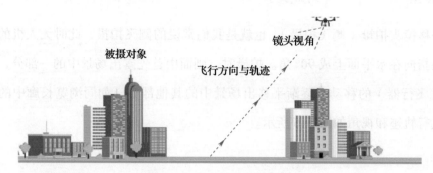

图 3-4　升拉法拍摄示意图

在使用升拉法拍摄时，一定要注意观察飞行轨迹上可能出现的树枝、电线、建筑物等障碍物，要及时规避，防止意外发生。

实际航拍中，还可以采取与升拉法操作正好相反的由远及近、由高到低的降推法拍摄。

技能点 4　垂直升降俯视拍摄

垂直俯视拉升拍摄会让画面越来越广，从小环境逐步扩大到更大的视野，而垂直下降俯视拍摄则恰恰相反，画面会从大环境逐渐推近到小环境或局部。这种拍摄方法在航拍中也会经常使用，无人机飞行轨迹及镜头视角如图 3-5 所示。

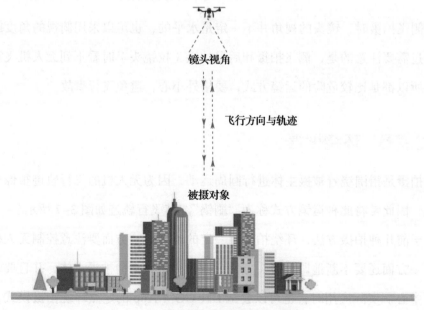

图 3-5　垂直升降俯视拍摄示意图

技能点 5 水平移镜头拍摄

水平移镜头拍摄（侧飞拍摄），也就是我们常说的侧飞拍摄，此时无人机的飞行方向与镜头指向在水平面上成 90° 角。拍摄时，画面中首先露出场景中的一部分，然后随着镜头（飞行器）的移动，逐渐平移出场景中的其他部分，如同浏览长廊中的壁画一般。其飞行轨迹和视角如图 3-6 所示。

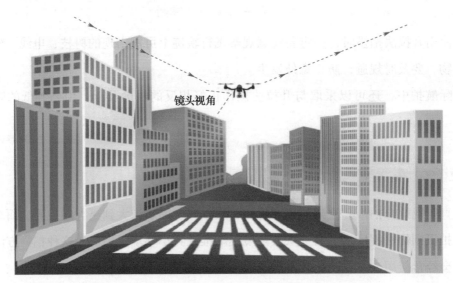

镜头视角

图 3-6 水平移镜头拍摄示意图

采用侧飞拍摄时，镜头的视角并不一定是水平的，也可以采用俯视的角度或垂直的角度。不过需要注意的是，侧飞拍摄和后退拍摄（拉镜头）时看不到无人机飞行方向的障碍物，所以都是比较危险的运镜方式，要格外小心，避免飞行事故。

技能点 6 环绕拍摄

环绕拍摄是指围绕着被摄主体进行圆周运动，因为无人机的飞行轨迹很像生活中的刷锅动作，因此常将此种运镜方式称为"刷锅"。其飞行轨迹如图 3-7 所示。

相对于前几种拍摄方法，环绕拍摄有一定的难度。一方面要注意控制无人机做圆周运动，另一方面还要不断地调整镜头方向，让镜头始终指向被摄主体，并且要让主体保持在画面中心。实际应用时，也可以尝试 DJI GO 4 App 的定点环绕拍摄模式，可以很方便地拍摄出理想的环飞画面。

此外，环绕飞行中还可以加上升降的动作，就可以飞出螺旋状的轨迹，是航拍时较高难度的运镜方式，需要较为熟练地掌握前几种运镜操作后再加以尝试。

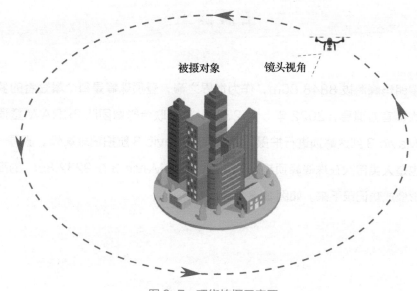

被摄对象　　　镜头视角

图 3-7　环绕拍摄示意图

技能点 7　跟随拍摄

跟随拍摄就是我们说的跟镜头，也叫追踪拍摄。拍摄时要操控无人机追踪被摄目标移动，在注意保持跟拍的稳定性的同时，还要时刻关注飞行前方有无障碍物，以确保飞行安全。

目前主流的航拍无人机基本都配备了智能跟随模式，使得追踪拍摄移动目标变得越来越简单，甚至还可以环绕追踪拍摄移动目标。

以上我们介绍的这 7 种常用的运镜方法，只是航拍中最基本的拍摄方法，在实际拍摄中既可以单独运用，也可以混合使用，而且是经常性的混合使用，真是"你中有我，我中有你"。大家可以充分发挥想象力，尝试不同运动镜头的组合，无论采取什么样的运镜方式，目的都是相同的——拍出更具吸引力的航拍视频画面。

拓展课堂

创新故事

珠穆朗玛峰海拔 8848.86m，作为世界之巅，登顶珠峰是每个攀登者的梦想之一。据大疆官方消息，2022 年 5 月 27 日，DJI 联合影像团队 8KRAW 登顶摄影师带着 Mavic 3 到达峰顶进行拍摄，成功使用 Mavic 3 航拍记录珠峰。值得一提的是，这也是人类首次在珠峰峰顶起飞无人机，最终 Mavic 3 在 9232.86m 的高空将峰顶的影像成功记录下来，如图 3-8 所示。

图 3-8　Mavic 3 在 9232.86m 的高空拍摄的珠峰（图片来自 www.dji.com）

04
模块四

剪辑

在影视拍摄和剪辑时，我们经常提到"镜头"这个概念。这里讲的"镜头"并非是安装在摄影机上的实体镜头，而是将摄影机每次按下拍摄键到停止拍摄所记录下的一段时间内的连续影像（视频）称为一个镜头。镜头是影视中最基本的单位，在持续时间上有长短之分，持续时间长的称为长镜头（一般一个时间超过10s的镜头就可称为长镜头）。

无论是现在网络上流行的"短视频"还是影视作品，绝大多数都是由若干个镜头组成的。虽然短视频作品中会有很少一部分采用一镜到底的拍摄模式，但正式的影视作品中几乎没有这种情况。即便是有所谓的一镜到底的作品，如电影《1917》，也是采用了一些特殊的拍摄方法和后期制作才呈现了一种一镜到底的效果。因为从视频传递信息的特性或者说视频的表达方式（即镜头语言）来说，我们需要对拍摄到的镜头按照某种前后顺序或结构关系（即蒙太奇）组合在一起，才能让观众获取到创作者想要表达的信息。正如我们日常语言中的字、词、句等，要遵照语法组合在一起，才能有效地传递信息、表达感情。在专业上，我们把这种将镜头（还有声音）进行回看、整理、筛选，并按照设计好的结构关系串联在一起的过程称为剪辑。

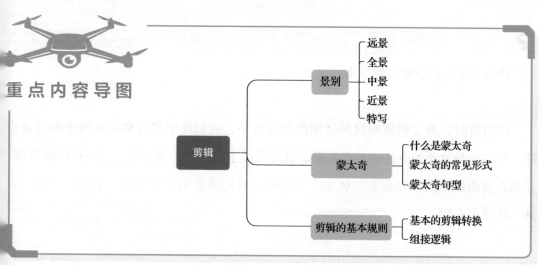

重点内容导图

剪辑
- 景别
  - 远景
  - 全景
  - 中景
  - 近景
  - 特写
- 蒙太奇
  - 什么是蒙太奇
  - 蒙太奇的常见形式
  - 蒙太奇句型
- 剪辑的基本规则
  - 基本的剪辑转换
  - 组接逻辑

学习任务 1　景别

景别是指由于摄影机与被摄主体间距离不同，或因镜头焦距不同而造成的被摄主体在画面中所呈现的大小和范围的区别。简单讲就是画面中容纳景物的范围。通常是以成年人在画面中所露出身体部位的多少为依据划分景别。在航拍摄影中主要以各种景物为拍摄对象，因此我们合理地将画面中的被摄主体做相应的替换即可。

不同景别，容纳画面内容的多少是不同的，传达信息的能力也是不同的，所以景别又分为具有概述功能的景别和刻画细节的景别。在创作中会交替使用不同的景别，构成独特的视觉语言，来叙述故事、表达思想。景别也被称为约束画面内容陈述方式的外在形式。

知识目标

- 理解摄影中景别的概念是什么。
- 掌握五类景别的特点及拍摄要求。

素养目标

- 培养学生专业认同与自信。
- 培养学生创新钻研、坚韧不拔的精神。

? 引导问题

什么是景别？有哪几种分类？

在拍摄时，为了框范画面所呈现范围的大小，我们除了可以利用不同焦距的镜头外，另一个很重要的方法就是控制摄影机与被摄主体间的距离远近。遵照这样的习惯，并结合前面提到的，以截取主体多少为标准，我们将景别分为远景、全景、中景、近景、特写共五类。

知识点1　远景

远景又可细分为以下两种：

1）大远景：人物比例很小的外景镜头。

2）远景：人物高度大概占画面高度的 1/4~1/2。

远景和大远景主要用来全方位展示自然景观或声势浩大的群体活动，渲染环境氛围，营造情绪。因其可以提供的信息量不足，不作为交代具体信息的叙事镜头，所以一般会配上旁白或解说词，以增加信息量，如图 4-1 所示。

图 4-1　《青海湖》（摄影：姜明文）

远景、大远景常用于开头或结尾处。放置在开头，作为大环境向小环境的过渡，具有呈上启下的结构功能，小环境会承接大环境的氛围和情绪，可以为后续叙事奠定整体基调；放在结尾可以起到升华主题、引人遐想的功能，有很强的抒情效果。

知识点2　全景

全境是指摄取人物全身或场景全貌的画面人物高度约占画面高度的 1/4~1/2，其容纳的空间范围仅次于远景，如图 4-2 所示。

全景一般用来表现人物（或航拍主体）的整体形态以及人与人、人与环境景物间的关系。观众虽然可以看清人物的整体姿态（航拍主体的全貌），但只能看清人物面部大致的表情。因为不能真切地看到面部细节，所以它主要用于交代诸人物、事物之间的联系，具有一定的叙事性，主要作为概述功能，可以交代时间、地点、人物、事件及发展的结果。

图4-2　《门源》（摄影：Apple）

知识点 3　中景

中景指拍摄成年人半身（航拍主体 1/2 左右）或场景局部的画面。在影片中，中景是占比最多的叙事性景别。

它重在交代关系，是从旁观者到参与者的过渡地带（客观距离到主观距离的过渡）。既可以让观众看清人物的面部表情和形体动作，也可以表现人物之间的关系，可充分表现人物的形体运动和情绪交流，如图 4-3 所示。中景的叙事性较强，但抒情性往往受到局限，通常用于叙述剧情或两人对话。

图4-3　《海之吻》（摄影：李五玲）

在叙事性景别中，还有一种特殊形式——过肩镜头，如图 4-4 所示。画面中，一人背对摄影机，另一人面对摄影机，是拍摄两人对话时常用的镜头，也被归类为中景。

图 4-4　过肩镜头示意图

知识点 4　近景

近景指摄取成年人胸部以上部分或物体局部的画面。对于表现人物的画面而言，一般头部占比 ≤ 画面高度的 2/3，躯干占比 ≥ 1/3，如图 4-5 所示。

图 4-5　近景示意图

它所表现的已经不是人物的形体动作，而是通过人物面部表情、神态的细微变化，来反映人物的心理活动，让观众仿佛置身剧情之中，产生与剧中人物的感情交流，增强影片的感染力。

知识点 5　特写

特写指摄取成年人肩部以上或物体局部细节的画面，主要用于刻画细节，目的性明确，有很强的主观介入性。

特写常用于刻画被摄对象的某一特性，可以体现被摄主体最为丰富的细节变化，或更为细腻地刻画人物心理，以此突出创作者要表达的内容与思想，增强影片的感染力，如图 4-6 所示。

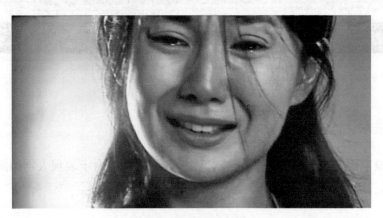

图 4-6　特写示意图

此外，创作者还可以通过特写镜头引导或转移观众的注意力，让观众去关注创作者希望被关注的信息。

以上五类景别，如果从镜头叙事的结构功能又可分为环境镜头、关系镜头和细节镜头三类。大远景、远景属于环境镜头，通常用于影片开端或一场戏的开始时明确交代地点的定场镜头；全景、中景属于关系镜头，主要用来表现诸事物之间的关系，而非地点信息，不过有时也会显示时间信息；近景和特写属于细节镜头，会让观众更深入地进入角色的内心感情世界，从而增强观众的参与性。

观众在观看远景、全景时，内心往往比较松弛，更具旁观者的理性，适于思考和审美，所以强调纪实和理性的影片常常偏向使用远景、全景，航拍摄影更是以远景、大远景为主。而强调主观抒情色彩的影片及惊悚片等强调紧张气氛的影片则更多地使用较近的景别，甚至特写镜头的数量能占一半。

学习任务 2 蒙太奇

知识目标

- 掌握蒙太奇的概念。
- 掌握蒙太奇的 3 种表现形式。
- 掌握蒙太奇的几种句型分类。

素养目标

- 培养学生专业认同与自信。
- 培养学生开拓创新的职业精神。

? 引导问题

什么是蒙太奇？表现形式有哪些？

不同景别的镜头表现的内容不一样，不同镜头的衔接方式对观众所产生的影响也往往不同。如图 4-7 所示，让一位冷漠脸男演员的面部画面，分别与一碗汤、一口棺材和一位美女的画面拼接起来，让观众来观赏。

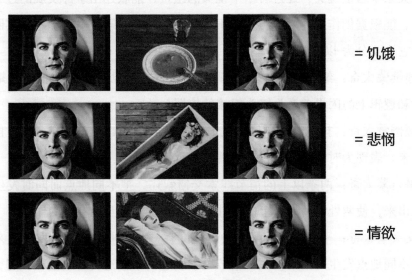

图 4-7 不同拼接组合的示意图

我们可以看出，在三个不同的拼接组合下，观众对同一个演员的表情解读是不一样的：汤＋男演员，我们从演员表情中感受到了"饥饿"；棺材＋男演员，观众从演员表情中感受到了"悲悯"；美女＋男演员，观众从演员表情中感受到了"情欲"。而这正是著名的"库里肖夫效应"。

"库里肖夫效应"证明了多个画面的组合拼接，可以传递出单一画面无法传递的效果，带来截然不同的情绪感受。画面之间组合连接所产生的暗示效应，就是蒙太奇的理论基础。

知识点 1　什么是蒙太奇

蒙太奇是法语 montage 的音译，原是法语建筑学上的一个术语，意为构成和装配，后被电影行业借用过来，表示镜头的组接结构和关系，是电影镜头语言的构成形式和构成方法的总称。

简要地说，蒙太奇就是根据影片所要表达的内容和观众的心理顺序，将一部影片分别拍摄成许多镜头，然后再按照原定的构思组接起来。

知识点 2　蒙太奇的常见形式

1. 叙事蒙太奇

叙事蒙太奇以交代情节、展示事件为主要目的，按照事件发展的时间流程、逻辑顺序、因果关系来组接镜头；经过若干个镜头的组接，能叙述出事件发展的过程，产生不同的含义；能根据创作的需要，再造出不同于常规时间的影视时间和不同实际空间的银幕空间。它主要分为以下 5 种。

1）连续蒙太奇：绝大多数电影的基本结构方式。它以事件发展的先后顺序、动作的连续性和逻辑上的因果关系为镜头组接的依据。

2）颠倒蒙太奇：打乱时间顺序，先展现故事或事件的现在状态，然后再回去介绍故事的始末，表现为时间概念上过去与现在的重新组合。

3）平行蒙太奇：两条以上的情节线索交错叙述，把不同地点而同时发生的事件交错地表现出来，使两处或两处以上的事件起到互相烘托、互相补充的作用。

4）交叉蒙太奇：平行动作或场景的迅速交替，是由平行蒙太奇发展而来的。将同一时间、不同地点发生的两条或数条情节线索迅速而频繁地交替组接在一起，其中一条线索的发展往往影响其他线索，各条线索相互依存，最后汇合在一起。这种镜头的组接技巧极易引起悬念，制造紧张激烈的气氛，加强矛盾冲突的尖锐性，是调动观众情绪的有力手法。

5）重复蒙太奇：让代表一定寓意的镜头或场面在叙述时反复出现，造成强调、对比、呼应、渲染等叙事效果。

2. 表现蒙太奇

表现蒙太奇以镜头队列为基础，通过相连镜头在形式或内容上相互对照、冲击，从而产生单个镜头本身所不具有的丰富内涵，以表达某种情绪或思想。其目的在于激发现众的联想，启迪观众的思考。它主要分为以下 5 种。

1）隐喻蒙太奇：也称象征蒙太奇、比喻蒙太奇，用某一具体形象或动作比喻一个抽象的概念，例如《战舰波将金号》中的三个狮子雕塑。

2）心理蒙太奇：通过镜头或音画的有机组合，直接而生动地展示出人物的心理活动、精神状态（如回忆、幻想）。

3）对比蒙太奇：镜头或场景的组接是以内容上、情绪上、造型上的尖锐对立或强烈的对比作为连接的依据。对比镜头的连接会产生互相衬托、互相比较、互相强化的作用。

4）积累蒙太奇：将一系列性质相同或相近的镜头连接在一起，形成视觉积累，起到强调的作用。

5）抒情蒙太奇：通过画面组合来创造意境，使情节发展过程中充满诗意。在保证叙事和描写的连贯性的同时，它表现了超越剧情之上的思想和情感。

3. 理性蒙太奇

理性蒙太奇通过画面之间的关系，而不是通过单纯的一环接一环的连贯性叙事表情达意，从而产生深刻的内在思想。与叙事蒙太奇的区别在于，即使它的画面属于实际经历过的事实，按这种蒙太奇组合在一起的事实也总是主观视像。

知识点 3　蒙太奇句型

影视镜头组接中，由一系列镜头有机组合而成的逻辑连贯、富于节奏、含义相对完整的影视片断，称之为蒙太奇句子。它分为以下几种句型。

1. 前进式

前进式句型是指视距由远及近把观众的视线从对象的整体引向局部的组接方式，一般按全景→中景→近景→特写的顺序来组接镜头。观众的视觉感受逐渐增强，情绪是上升的趋势，由低到高。它也被称为集中式蒙太奇。

2. 后退式

与前进式句型相反，后退式句型一般按特写→近景→中景→全景的顺序组接镜头，把观众的视线由局部细节引向整体环境，情绪由高到低。它也被称为扩大式蒙太奇。

3. 环形

环形句型也称循环式句型，是将前进式和后退式两种句型结合起来。景别变化为：全→中→近→特→近→中→全；或为特→近→中→全→中→近→特，造成循环往复的波浪式情绪。

4. 跳跃式

跳跃式句型采用两极景别远近交替，根据内容的需要变换，以造成情绪的急剧变化。它也被称为穿插式远景——大特写。

5. 等同式

等同式句型是指一个句子中景别不变：全→全→全，中→中→中，近→近。

学习任务 3　剪辑的基本规则

通过了解蒙太奇，我们知道了不同镜头的衔接方式对观众产生的影响往往会超越镜头内容本身。剪辑不仅仅是对冗余镜头的物理精简，更是创作者的强大工具。通过剪辑，我们将画面、声音串联起来，形成一个自然而又充满意义的故事或者一种视觉呈现，从而达到传递信息、娱乐大众或是唤起观众内心情感的目的。在本学习任务中，我们先了解一下剪辑的基本规则。

知识目标

- 掌握剪辑的基本转换方法。
- 掌握组接逻辑的方法及要求。

素养目标

- 培养学生严谨认真的工作态度。
- 培养学生的综合学习能力。

? 引导问题

剪辑的基本规则有哪些?

知识点 1 基本的剪辑转换

简单来说剪辑就是将单个的镜头组合为一个连贯的故事,而从一个镜头转换到另一个镜头时(即剪辑点),通常有以下四种基本方法。

1. 切

切是指一个镜头与下一镜头之间瞬间转换,即一个镜头的最后一帧画面(落幅)直接迅速地转换为下一个镜头的第一帧画面(起幅)。

2. 叠化

叠化是指从一个镜头的结束画面逐渐转换到下一镜头的开始画面,转换期间两幅画面相互叠加,随着第一个镜头的落幅"渐隐",下一镜头的起幅"渐显",从而完成转换。

3. 划变

划变是指以特定角度运动的一条线或图形划过屏幕,消除上一镜头的图像,同时在结束处,从该线条或图形的背后显现出下一镜头的图像。

4. 淡入、淡出

淡入淡出也叫"渐隐渐显",画面从全黑开始到逐渐显现,再到最后完全清晰的过程叫"淡入";画面从完全清晰到逐渐隐去,再到全黑画面的过程叫"淡出"。

淡入、淡出节奏舒缓,具有抒情意味,并能给观众以视觉上的间歇,产生一种完整的段落感。影片的开头和结尾往往会运用淡入淡出。

知识点 2 组接逻辑

所谓组接逻辑，就是按事物发展的客观规律和观众的思维规律组接镜头，使镜头的组接合乎逻辑、顺理成章。

1. 按照时空顺序

一般事物的发展都是有先有后，有始有终，且地点也不一定是一成不变的。在影视作品的剪辑过程中，一般要按事物发展的时间顺序和空间变化顺序进行镜头组接。举例如下：

1）打电话——先拿起电话，然后拨号，最后放在耳边等待应答。

2）乘地铁上班——先在站台候车，车辆进站，车停稳后车门打开，上车，直至到站下车，最后来到单位。

2. 保持连贯性

从一个镜头切到下一个镜头时，如果下一个镜头中仍然出现人或物体同样的动作，这时必须保持运动方向的连贯性。例如：上一个镜头拍摄的是一个自左向右骑车的人，如果组接的下一个画面中仍然出现这个骑车的人，那么这个人也必须是自左向右运动。

人类十分擅长判断动作的流畅性。如果两个镜头衔接后动作不匹配，很容易被观众察觉，因此剪辑时必须要处理好这些问题。此外，不仅是动作要保持连贯性，内容、位置、声音也要保持连贯。

3. 遵守轴线规则

轴线是指被摄对象的视线方向、运动方向、对象间的关系所形成的一条假定的、无形的线，可分为方向轴线、运动轴线和关系轴线三种。

1）方向轴线：被摄对象静止不动，主体朝向与背向间的连线即为方向轴线。

2）运动轴线：处于运动中的人或物，其运动方向与主体间所构成的轴线即为运动轴线。

方向、运动轴线拍摄示意图，如图 4-8 所示。

3）关系轴线：由被摄对象相互之间的位置形成的轴线，即所谓的关系轴线，如图 4-9 所示。

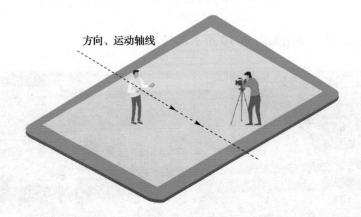

图 4-8 方向、运动轴线拍摄示意图

图 4-9 关系轴线拍摄示意图

　　轴线规则是镜头调度的一般性规则。如果准备用两个及以上的镜头表现一个场景，拍摄机位的变化要在轴线的一侧 180° 内进行调度和安排，所以也叫"180° 规则"；如果机位越过了轴线，被安排在轴线的另一侧去拍摄，镜头间衔接时则会造成画面人物动作方向或位置的混乱，也就是我们说的"越轴镜头"或"跳轴镜头"。

　　越轴画面除了特殊需要外，剪辑时是无法组接的。因此在拍摄中，须遵守轴线规律，正确处理镜头间的方向关系，剪辑时也要注意这一点。这样才能使观众对各个镜头间所要表现的空间有一个完整的、统一的感觉。

　　此外，在基于遵守 180° 规则的基础上，如果需要拍摄若干机位不一样的镜头时，每次重新设置机位时，需要至少移动 30° 才能开始拍摄。如果机位的物理距离不足 30°，那么两个镜头在剪辑到一起时会看起来过于相似，导致观众产生"跳跃"的感觉，这也是"跳切"一词的由来。

4. 匹配角度

拍摄对话场景时，使用如图 4-10 所示的场景。

图 4-10　对话场景

同样景别的镜头中，两个人物的角度、大小、面部焦点须一致。一个人物的特写看起来要和另一个相似，只不过他们位于画面的两侧，如图 4-11、图 4-12 所示。

图 4-11　角度匹配示意图（一）

图 4-12　角度匹配示意图（二）

剪辑时要注意这样的镜头匹配，虽然两个不同的人物在画面上处于相对位置，但却可以让观众觉得他们在一起。这就是所谓的匹配角度。

5. 匹配视线

前一个镜头中人物的视线方向，在组接到后一个镜头时要有相对应的视线落点或是相关物体，也就是说前一个镜头中的人在"看"，后一个组接的镜头中出现的应该是这个人正在注视的"东西"。

05

模块五

常用剪辑软件

本模块首先介绍了剪映软件的基本界面，并按照视频剪辑的流程进行了详细讲解；然后介绍了 Premiere 非线性视频编辑软件，对其视频处理方面的基础知识以及相关概念和术语进行了讲解；最后对在 Premiere 中进行影视编辑的基本工作流程进行了阐述，并通过讲解制作一个视频电子相册影片，来对在 Premiere ProCC 中进行影片编辑的工作流程进行完整的实践练习。通过学习，学生要了解掌握剪映软件、Premiere 软件的基本内容，学会相关操作使用，并能熟练运用两个软件进行视频的全流程操作。

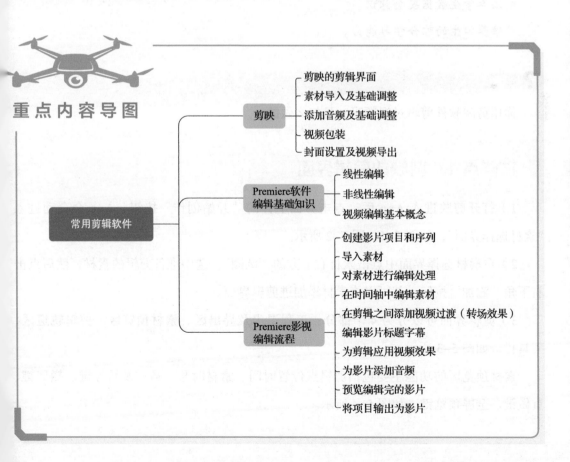

重点内容导图

常用剪辑软件

- 剪映
  - 剪映的剪辑界面
  - 素材导入及基础调整
  - 添加音频及基础调整
  - 视频包装
  - 封面设置及视频导出
- Premiere软件编辑基础知识
  - 线性编辑
  - 非线性编辑
  - 视频编辑基本概念
- Premiere影视编辑流程
  - 创建影片项目和序列
  - 导入素材
  - 对素材进行编辑处理
  - 在时间轴中编辑素材
  - 在剪辑之间添加视频过渡（转场效果）
  - 编辑影片标题字幕
  - 为剪辑应用视频效果
  - 为影片添加音频
  - 预览编辑完的影片
  - 将项目输出为影片

学习任务 1　剪映

"剪映"是目前较为流行的一款视频剪辑 App，不仅可以在手机等移动设备上使用，也可以在电脑上使用，功能也较为全面，可以满足一般的视频剪辑需要。

技能目标

- 熟悉了解剪映软件。
- 能运用剪映软件对视频进行完整的剪辑操作。

素养目标

- 培养学生严谨认真的工作态度。
- 培养学生数据安全意识。
- 培养学生的综合学习能力。

? 引导问题

你用剪映软件剪辑过视频吗？是怎么做的？

技能点 1　剪映的剪辑界面

1）打开剪映进入 App 后，点击界面上方的"开始创作"按钮，App 会自动进入"素材选择界面"，如图 5-1、图 5-2 所示。

2）在素材选择界面中点击素材右上方的"圆圈"，选中准备剪辑的素材，然后点击右下角"添加"按钮，就可以将素材添加进剪辑界面。

3）剪辑界面可以分为 4 个部分：工程退出及导出区、素材预览区、剪辑轨道区、工具栏，如图 5-3 所示。

素材预览区的功能主要包括剪辑点位置时间、素材时长、播放及暂停键、撤回键、重做键、全屏预览键，如图 5-4 所示。

图 5-1 剪映 App 首页

图 5-2 素材选择界面

图 5-3 剪辑界面示意图

图 5-4 预览界面示意图

① "剪辑点位置时间"显示的是在剪辑轨道区当前剪辑点停留的位置的时间，即"剪辑轨道区"中心"白色竖线"所在的时间位置。

② "素材时长"显示的是当前所要编辑的素材总的时长是多少。

③ "播放及暂停键"可以进行素材的播放和暂停。

④ 在剪辑过程中，如果想取消刚操作的某个步骤，可以点击"撤回键"取消操作，反之可以点击"重做键"。

⑤ "全屏预览键"，顾名思义，可以将整个预览区进行全屏显示，方便观察编辑效果。

剪辑轨道区的功能及显示分布如图 5-5 所示，其具体的功能和使用方法以及工具栏的操作，后面在讲解剪辑时再做介绍，这里就不再单独说明了。

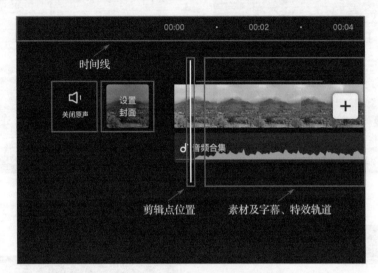

图 5-5　剪辑轨道区界面示意图

技能点 2　素材导入及基础调整

剪映中素材的导入有两种方法：第一种是在剪映主界面点击界面上方的"开始创作"按钮，App 会自动进入"素材选择界面"，勾选想要编辑的素材导入即可；第二种是点击"剪辑轨道区"右侧的"+"号，也可以导入新增加的素材。如果"剪辑点"的位置正好处于两段素材间的分隔处，新导入的素材将直接插入到两者之间。

素材导入后，先根据制作需要点击"工程退出及导出区"中的"1080P"按键，设置适当的视频分辨率和比例，如图 5-6、图 5-7 所示。

设置完视频分辨率和比例后，就可以对素材进行粗剪和调整了。

1）分割和删除素材：首先点击要剪辑的素材，素材被选中后会有高亮提示，此时左右滑动可调整"剪辑点"的位置；确定好位置后，点击工具栏内的"分割"键，就可以将素材分割成两段；最后选中要删除的一段，点击工具栏中"删除"键即可删除不需要的素材，如图 5-8、图 5-9 所示。

图 5-6 设置分辨率示意图（一）

图 5-7 设置分辨率示意图（二）

图 5-8 素材分割示意图（一）

图 5-9 素材分割示意图（二）

2）调整多个素材的顺序：用两指在剪辑框内同时操作，可以调整素材轨道的显示比例，方便调整多个素材的次序；选中要改变顺序的素材后，按住不放左右移动即可改变该素材的次序，如图 5-10、图 5-11 所示。

图 5-10　调整素材顺序示意图（一）　　图 5-11　调整素材顺序示意图（二）

3）素材的基本调整：选中要调整的素材后，向右侧滑动工具栏，找到"调节"按钮，打开后即可看到"调节选项"；此时我们可以根据需要调整素材的亮度、对比度、饱和度等选项；调整完毕后点击右下角"√"确认即可，如图 5-12、图 5-13 所示。

图 5-12　素材调节示意图（一）　　　　图 5-13　素材调节示意图（二）

技能点 3 添加音频及基础调整

1）添加音频：点击工具栏中的"音频"选项，然后在选项中点击"音乐"，即可打开音乐导入选项；选择合适的音乐点击"使用"即可导入音乐，如图 5-14、图 5-15 所示。

图 5-14 添加音频示意图（一）　　　图 5-15 添加音频示意图（二）

2）音频的基础调整：选中要调整的音频，点击工具栏中相应的工具进行基础调整；左右移动音频调整工具栏，可看到所有可使用的功能，可根据具体需要选择相应功能，如图 5-16 所示。

3）编辑素材原有声音：剪辑时经常需要删除素材拍摄时的原有声音（同期音），或者降低其音量。首先选中要编辑的素材，然后向右侧滑动工具栏，选择"音频分离"即可将素材中原有声音分离出来；选中分离出的声音后，可进行音量、淡化、删除等操作，如图 5-17、图 5-18 所示。

图 5-16 音频调节示意图

图 5-17 素材音频编辑示意图（一）　　图 5-18 素材音频编辑示意图（二）

技能点 4　视频包装

　　1）添加字幕：在剪映的工具栏中，点击"文本"，再点击"新建文本"就进入到文字输入界面；输入完文字后，点击文字输入框下面的工具栏中的相应选项，即可在字体、样式、花字、文字模板和动画几个选项中设置字幕的效果；最后调整素材预览区文字的位置即可，如图 5-19～图 5-22 所示。

图 5-19 添加字幕示意图（一）　　图 5-20 添加字幕示意图（二）

图 5-21 添加字幕示意图（三）　　　　图 5-22 添加字幕示意图（四）

2）添加转场特效：点击两个素材相接的地方，可以添加转场特效；转场特效栏内有多种特效效果，根据需要设置即可，如图 5-23、图 5-24 所示。

图 5-23 添加转场特效（一）　　　　图 5-24 添加转场特效（二）

技能点 5 封面设置及视频导出

1）封面设置：素材轨道栏开始部分的"设置封面"按键，即可打开封面设置界面；在封面设置界面中，可以选择视频或照片作为封面；点击"添加文字"按键，可以编辑封面文字信息；编辑完成所有封面内容后点击右上方"保存"即可，如图 5-25、图 5-26 所示。

2）导出视频：待所有剪辑工作完成后，就可

图 5-25 封面设置（一）　　　　图 5-26 封面设置（二）

以导出成片。在主剪辑界面中，点击右上角"导出"选项，剪映就可以导出视频成品了，如图 5-27、图 5-28 所示。

图 5-27 导出视频示意图（一）　　　　图 5-28 导出视频示意图（二）

学习任务 2　Premiere 软件编辑基础知识

Premiere 是 Adobe 公司开发的一款功能强大的非线性视频编辑软件，以其在非线性影视编辑领域中出色的专业性能，被广泛应用于视频内容编辑和影视特效制作领域。

知识目标

- 了解线性编辑、非线性编辑。
- 掌握视频编辑的基本概念。

素养目标

- 培养学生严谨认真的工作态度。
- 培养学生的综合学习能力。

？ 引导问题

平时你使用过 Premiere 软件吗？

在使用 Premiere 进行视频编辑处理之前，首先需要了解一些视频处理方面的基础知识，理解相关概念和术语，方便以后的学习和使用。

技能点 1　线性编辑

传统的线性编辑，是指在摄像机、录像机、编辑机、特技机等传统编辑设备上，以录像带作为素材，以线性搜索的方式找到想要的视频片段，然后将所有需要的片段按照顺序录制到另一盘录像带中。

在这个过程中，需要操作人员通过使用播放、暂停、录制等功能来完成基本的剪辑。如果剪辑时出现失误，或者需要在已经编辑好的录像带上插入或删除视频片段，那么在插入点或删除点以后的所有视频片段都要重新移动一次，因此编辑操作很不方便，工作效率也很低。而且录像带是易受损的物理介质，在经过反复的录制、剪辑、添加特效等操作后，画面质量也会变得越来越差。

技能点 2　非线性编辑

非线性编辑 (Digital Non-Linear Editing，DNLE) 是随着计算机图像处理技术发展而诞生的视频内容处理技术。它将传统的视频模拟信号数字化（计算机数据的存储是以 0、1 的形式存取的，数字化就是将传统视频的电平信号转化成二进制数据保存），以数字化文件的方式在计算机上进行操作，素材的搜索采用非线性，不需要像线性编辑那样反复按顺序寻找，编辑过程中对素材也不会造成数据损伤。非线性编辑技术融入了计算机和多媒体这两个领域的前端技术，集录像、编辑、特技、动画、字、同步、切换、调音、播出等多种功能于一体，克服了线性编辑的缺点，提高了视频编辑的工作效率。

技能点 3　视频编辑基本概念

1. 帧和帧速率

影视及网络中的视频，其实都是由一系列连续的静态图像组成的，在单位时间内的这些静态图像就称为帧。由于人眼对运动物体具有视觉残像的生理特点，所以，当某段时间内一组内容连续变化的静态图像依次快速显示时，就会被"感觉"是一段连贯的动画。

电视或显示器上每秒扫描的帧数即是帧速率 (也称作"帧频")。帧速率的数值决定了视频播放的平滑程度。帧速率越高，动画效果越平滑，反之就会有阻塞、延迟的现象。在视频编辑中也常常利用这个特点，通过改变一段视频的帧速率，来实现快动作与慢动作的表现效果。

2. 视频制式

由于各个国家 (地区) 对电视影像制定的标准不同，因此其制式也有一定的区别。制式的区别主要表现在帧速率、宽高比、分辨率、信号带宽等方面。传统电影的帧速率为 24fps（即帧 /s），在英国、中国、澳大利亚、新西兰等国的电视制式，都是采用这个扫描速率，称之为 PAL 制式；在美国、加拿大等大部分西半球国家以及日本、韩国的电视视频内容，主要采用帧速率约为 30fps 的 NTSC 制式；在法国和东欧、中东等地区，则采用帧速率为 25fps 的 SECAM(顺序传送彩色信号与存储恢复彩色信号) 制式。

3. 压缩编码

视频压缩也称为视频编码。原始的数字视频文件会非常大，为了节省空间和方便应用、处理，需要使用特定的方法对其进行压缩。

视频压缩的方式主要分为两种：无损压缩和有损压缩。无损压缩是利用数据之间的相关性，将具有相同或相似特征的数据归类成一类数据，以减少数据量；有损压缩则是在压缩的过程中去掉一些不易被人察觉的图像或音频信息，这样既大幅度地减小了文件体积，也能够同样地展现视频内容。不过，有损压缩中丢失的信息是不可恢复的。丢失的数据量与压缩比有关，压缩比越大，丢失的数据越多，一般解压缩后得到的影像效果就越差。此外，某些有损压缩算法采用多次重复压缩的方式，这样还会引起额外的数据丢失。

有损压缩又分为帧内压缩和帧间压缩。帧内压缩也称为空间压缩 (Spatial compression)，当压缩一帧图像时，它仅考虑本帧的数据，而不考虑相邻帧之间的冗余信息。由于帧内压缩时各个帧之间没有相互关系，所以压缩后的视频数据仍可以以帧为单位进行编辑。帧内压缩一般得不到很高的压缩率。帧间压缩也称为时间压缩 (Temporal compression)，是基于许多视频或动画的连续前后两帧具有很大的相关性，或者说前后两帧信息变化很小 (即连续的视频其相邻帧之间具有冗余信息) 这一特性，压缩相邻帧之间的冗余量。这样可以进一步提高压缩量，减小压缩比，对帧图像的影响非常小，所以帧间压缩一般是无损的。帧差值 (Frame differencing) 算法是一种典型的时间压缩法，它通过比较本帧与相邻帧之间的差异，仅记录本帧与其相邻帧的差值，这样可以大大减少数据量。

4．视频格式

对视频内容进行压缩后，就需要用对应的方法对其进行解压缩来得到动画播放效果。使用的压缩方法不同，得到的视频编码格式也不同。目前对视频压缩编码的方法有很多，应用的视频格式也就有很多，其中比较具有代表性的就是 AVI 数字视频格式和 MPEG 数字视频格式。以下介绍几种常用的视频存储格式。

1）AVI 格式（Audio/Video Interleave）：这是一种专门为微软 Windows 环境设计的数字式视频文件格式。这种视频格式的好处是兼容性好、调用方便、图像质量好，缺点是占用空间大。

2）MPEG 格式（Motion Picture Experts Group）：该格式包括 MPEG-1、MPEG-2、MPEG-4。MPEG-1 被广泛应用于 VCD 的制作和一些视片段下载的网络，使用 MPEG-1 的压缩算法可以把一部 120min 长的非视频文件的电影压缩到 1.2G 左右。MPEG-2 则应用在 DVD 的制作方面，同时在一些 HDTV（高清晰度电视）和一些高要求视编辑、处理上也有一定的应用空间；相对于 MPEG-1 的压缩算法，MPEG-2 可以制作出在画质等方面性能远远超过 MPEG-1 的视频文件，但是容量也不小，在 4~8GB。MPEG-4 是一种新的压缩算法，可以将使用 MPEG-1 压缩到 1.2GB 的文件，压缩到 300MB 左右，以供网络播放。

3）FLV 格式（FlashVideo）：该格式是随着 Flash 动画的发展而诞生的流媒体视频格式。FLV 视频文件体积小，同等画面质量的一段视频，其大小是普通视频文件体积的 1/3 甚至更小；同时以其画面清晰、加载速度快的流媒体特点，成为网络中增长速度较快、应用范围较广的视频传播格式。目前的视频门户网站都采用 FLV 格式视频，它也被越来越多的视频编辑软件支持导入和输出应用。

4）ASF 格式（Advanced Streaming Format）：这是微软为了和 RealPlayer 竞争而发展出来的一种可以直接在网上观看视频节目的流媒体文件压缩格式，即一边下载一边播放，不用储存到本地硬盘。由于它使用了 MPEG-4 的压缩算法，所以压缩率和图像的质量都非常不错。

5）DIVX 格式：该格式的视频编码技术可以说是一种对 DVD 造成威胁的新生视频压缩格式。由于它使用的是 MPEG-4 压缩算法，因此可以在对文件尺寸进行高度压缩的同时，保留非常清晰的图像质量。用该技术制作的 VCD，可以得到与 DVD 差不多画质的视频，而制作成本却要低廉得多。

6）QuickTime 格式（MOV）：该格式是苹果公司创立的一种视频格式，在图像质量和文件尺寸的处理上具有很好的平衡性，无论在本地播放还是作为视频流在网络中播放，都是非常优秀的。

7）REALVIDEO 格式（RA、RAM）：该格式主要定位于视频流应用方面，是视频流技术的创始者。它可以在 56kbit/s 的 MODEM 拨号上网条件下实现不间断的视频播放，因此必须通过损耗图像质量的方式来控制文件的大小，图像质量通常很低。

5. SMPTE 时间码

在视频编辑中，通常用时间码来识别和记录视频数据流中的每一帧，从一段视频的起始帧到终止帧，其间的每一帧都有一个唯一的时间码地址。根据动画和电视工程师协会（Society of Motion Picture and Television Engineers，SMPTE）使用的时间码标准，其格式是小时：分：秒：帧（或 hours：minutes：seconds：frames）。一段长度为 00：05：31：15 的视频片段的播放时间为 5 分 31 秒 15 帧；如果以每秒 30 帧的速率播放，则播放时间为 5min 31.5s。

电影、录像和电视工业中使用的不同帧速率，各有其对应的 SMPTE 标准。由于技术的原因，NTSC 制式实际使用的帧速率是 29.97fps 而不是 30fps，因此在时间码与实际播放时间之间有 0.1% 的误差。为了解决这个误差问题，设计出丢帧 (drop-frame) 格式，即在播放时每分钟要丢 2 帧 (实际上是有两帧不显示而不是从文件中删除)，这样可以保证时间码与实际播放时间的一致。与丢帧格式对应的是不丢帧 (nondrop-frame) 格式，它忽略时间码与实际播放帧之间的误差。

此外，为了方便提示用户区分视频素材的制式，在对视频素材时间长度的表示上也做了区分。非丢帧格式的 PAL 制式视频，其时间码中的分隔符号为冒号 (:)，例如 0：00：30：00；而丢帧格式的 NTSC 制式视频，其时间码中的分隔符号为分号 (;)，例如 0；00；30；00。所以在实际编辑工作中，可以据此快速分辨出视频素材的制式以及画面比例等。

6. 数字音频

数字音频是一种利用数字化手段对声音进行录制、存放、编辑、压缩或播放的技术，它是随着数字信号处理技术、计算机技术、多媒体技术的发展而形成的一种全新的声音处理手段。它具有存储方便、存储成本低廉、存储和传输的过程中没有声音的失真，以及编辑和处理非常方便等特点。

数字音频的编码方式也就是数字音频格式，不同数字音频设备一般对应不同的音频格式文件。数字音频的常见格式有 WAV、MIDI、MP3、WMA、MP4、RealAudio、AAC 等。

7. Premiere 中常用概念

在 Premiere 中进行视频编辑的操作中，常见的名词术语主要有以下几个。

1）动画：通过迅速显示一系列连续的图像而产生的动作模拟效果。

2）帧：在视频或动画中的单个图像。

3）帧 /s（帧速率）：每秒被捕获的帧数或每秒播放的视频或动画序列的帧数。

4）关键帧（Key frame）：一个在素材中特定的帧，它被标记是为了特殊编辑或控制整个动画。当创建一个视频时，在需要大量数据传输的部分指定关键帧有助于控制视频回放的平滑程度。

5）导入：将一组数据置入一个程序的过程。文件一旦被导入，数据将被改变以适应新的程序其数据源文件则保持不变。

6）导出：在应用程序之间分享文件的过程，即将编辑完成的数据转换为其他程序可以识别、导入使用的文件格式。

7）过渡效果：一个视频素材代替另一个视频素材的切换过程。

8）渲染：应用转场和其他效果之后，将源信息组合成单个文件的过程，也就是输出影片。

学习任务 3　Premiere 影视编辑流程

技能目标

- 熟悉了解 Premiere 软件。
- 能运用 Premiere 软件对视频进行完整的剪辑操作。

素养目标

- 培养学生严谨认真的工作态度。
- 培养学生数据安全意识。
- 培养学生的综合学习能力。

? 引导问题

知道如何用 Premiere 软件进行影视编辑吗？

在 Premiere 中进行影视编辑的基本工作流程，主要包括以下几方面：

1）收集整理素材，并对素材进行适合编辑需要的处理。

2）创建影片项目，新建指定格式的合成序列。

3）导入素材并对素材进行基本的编辑处理（在序列的时间轴窗口中编排素材的时间位置、层次关系）。

4）添加并设置过渡、特效，编辑影片标题文字、字幕。

5）加入需要的音频素材，并编辑音频效果。

6）预览检查编辑好的影片效果，对需要的部分进行修改调整。

7）渲染输出影片。

下面通过讲解制作一个视频电子相册影片，来对在 Premiere Pro CC 中进行影片编辑的工作流程进行完整的实践练习。

技能点 1　创建影片项目和序列

1）启动 Premiere Pro CC，在欢迎屏幕中单击"新建项目"按钮，打开"新建项目"对话框，在"名称"文本框中输入"老建筑"，如图 5-29 所示，然后单击"位置"后面的"浏览"按钮，在打开的对话框中为新创建的项目选择保存路径，如图 5-30 所示。

图 5-29　新建项目

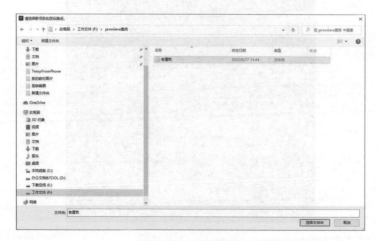

图 5-30　保存路径

2）在"新建项目"对话框中单击"确定"按钮，进入 Premiere Pro 的工作界面。执行"文件→新建→序列"命令或按"Ctrl+N"快捷键，打开"新建序列"对话框，在"可用预设"列表中展开 DV-PAL 文件夹并点选"标准 48kHz"类型，如图 5-31 所示。

图 5-31　新建序列

> **提示**：在项目窗口中单击鼠标右键并选择"新建项目→序列"命令，也可以打开"新建序列对话框"。

3）展开"设置"选项卡，在"编辑模式"下拉列表中选择"自定义"选项，然后设置"时基"参数为"25.00 帧 / 秒"，如图 5-32 所示。

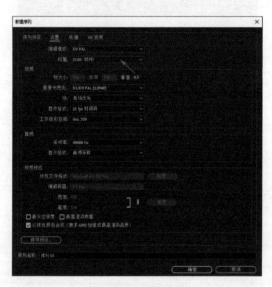

图 5-32　设置参数

> **提示**：静态图像素材被作为剪辑使用时，其默认的帧速率为 25.00 帧 / 秒，所以为了方便编缉操作时的时间长度匹配，在这里为新建的序列设置同样的帧速率。在实际工作中，可根据编辑需要进行设置。

4）在"新建序列"对话框中单击"确定"按钮后，即可在项目窗口查看到新建的序列，如图 5-33 所示。

图 5-33　查看新建序列

技能点 2　导入素材

Premiere Pro 支持图像、视频、音频等多种类型和文件格式的素材导入，它们的导入方法基本相同。将准备好的素材导入项目窗口，可以通过多种操作方法来完成。

方法一：通过命令导入。执行"文件→导入"命令，或在项目窗口中的空白位置单击鼠标右键并选择"导入"命令，在弹出的"导入"对话框中展开素材的保存目录，选取需要导入的素材，然后单击"打开"按钮，即可将所选取的素材导入项目窗口，如图 5-34、图 5-35 所示。

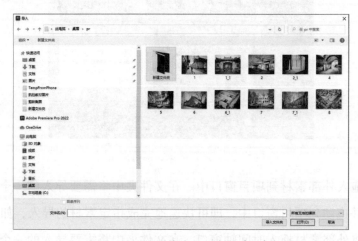

图 5-34　通过命令导入素材（一）

图 5-35　通过命令导入素材（二）

> **提示**：在项目窗口文件列表区的空白位置双击鼠标左键，可以快速地打开"导入"对话框，进行文件的导入操作。

方法二：从媒体浏览器导入素材。在媒体浏览器面板中展开素材的保存文件夹，将需要导入的一个或多个文件选中，然后单击鼠标右键并选择"导入"命令，即可完成指定素材的导入，如图 5-36 所示。

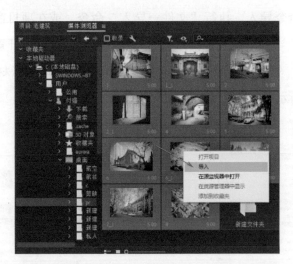

图 5-36　从媒体浏览器导入素材

方法三：拖入外部素材到项目窗口中。在文件夹中将需要导入的一个或多个文件选中，然后按住并拖动到项目窗口中，即可快速地完成指定素材的导入，如图 5-37 所示。

方法四：将外部素材拖入时间轴窗口。在文件夹中将需要导入的一个或多个文件选中，然后按住并拖动到序列的时间轴窗口中，可以直接将素材添加到合成序列中指定的位置，如图 5-38 所示。

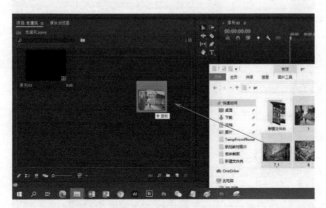

图 5-37 通过拖入项目窗口导入素材

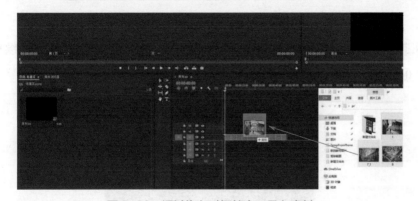

图 5-38 通过拖入时间轴窗口导入素材

不过，这种方式加入的素材不会自动添加到项目窗口中，如果需要多次使用加入的素材，可以将时间轴窗口中的"素材剪辑"按住并拖入项目窗口中保存。

技能点 3 对素材进行编辑处理

对于素材，通常需要对其进行一些修改编辑，以达到符合影片制作要求的效果。如调整视频素材的播放速度，以及修改视频、音频、图像素材的持续时间等。

静态的图像文件，在加入 Premiere Pro 中时，默认的持续时间为 5s。如需要将所有图像素材的持续时间修改为 4s，可以通过以下操作来完成。

1）在项目窗口中用鼠标选取所有的图像素材，然后执行"剪辑"→"速度 / 持续时间"命令，或者单击鼠标右键，在弹出的命令菜单中选择"速度 / 持续时间"命令，如图 5-39 所示。

图 5-39　剪辑→速度 / 持续时间（一）

2）在打开的"速度 / 持续时间"对话框中，将所选图像素材的持续时间改为"00：00：04：00"，如图 5-40 所示。

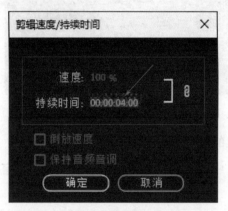

图 5-40　剪辑→速度 / 持续时间（二）

3）单击"确定"按钮，回到项目窗口中，即可查看到所有选取的图像素材持续时间已经变成 4s，如图 5-41 所示。

4）执行"文件"→"保存"命令，对编辑项目进行保存。

> ❗ 提示：在编辑过程中，完成一个阶段的编辑工作后应及时保存项目文件，以避免因为误操作、程序故障、突然断电等意外的发生带来的损失。
> 另外，对于操作复杂的大型编辑项目，还应养成阶段性保存副本的工作习惯，以方便在后续的操作中，查看或恢复到之前的编辑状态。

图 5-41　剪辑→速度/持续时间（三）

技能点 4　在时间轴中编辑素材

完成上述准备工作后，接下来开始进行合成序列的内容编辑，将素材加入序列的时间轴窗口，对它们在影片出现的时间及显示的位置进行编排，这是影片编辑工作的主要环节。

1）在项目窗口中将图像素材"1.jpg"拖动到时间窗口中的视频 1 轨道上的开始位置释放鼠标后，即可将其入点对齐在 00：00：00：00 的位置，如图 5-42 所示。

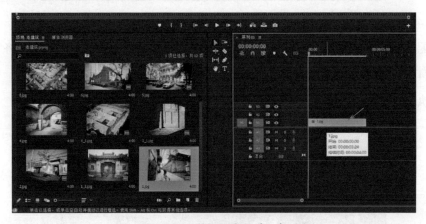

图 5-42　剪辑示意图（一）

> ❗ 提示：素材剪辑在时间轴窗口中的持续时间，是指在轨道中的入点（即开始位置）到出点（即结束位置）之间的长度，但它不完全等同于在项目窗口中素材本身的持续时间。素材在被加入时间轴窗口时，默认的持续时间与在项目中素材本身的持续时间相同。在对时间轴窗

口中的素材持续时间进行修剪时，不会影响项目窗口中素材本身的持续时间。对项目窗口中素材的持续时间进行修改后，将在新加入时间轴窗口时应用新的持续时间，并且在修改之前加入时间轴窗口的素材不受影响，在编辑操作中需要注意区别。

2）为方便查看剪辑的内容与持续时间，可以将鼠标移动到视频 1 的轨道头上，向前滑动鼠标的中键，即可增加轨道的显示高度，显示出剪辑的的预览图像；拖动窗口下边的显示比例滑块头，可以调整时间标尺的显示比例，以方便清楚地显示出详细的时间位置，如图 5-43 所示。

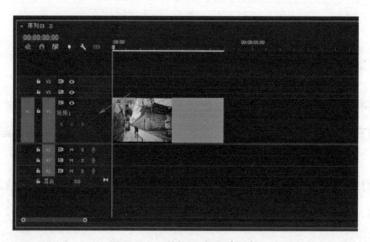

图 5-43 剪辑示意图（二）

3）配合使用 Shift 键，在项目窗口中依次选中"2.jpg"~"7.jpg"，然后将它们拖入时间轴窗口的视频 1 轨道上并对齐到"1.jpg"的出点，如图 5-44 所示。

4）执行"文件"→"保存"命令，对编辑项目进行保存。

图 5-44 剪辑示意图（三）

技能点 5 在剪辑之间添加视频过渡（转场效果）

在序列中的剪辑之间添加视频过渡效果，可以使剪辑间的播放切换更加流畅、自然。在"效果"面板中展开"视频过渡"文件夹并打开需要的视频过渡类型文件夹，然后将选取的视频过渡效果拖动到时间轴窗口中相邻的剪辑之间即可。

1）执行"窗口"→"效果"命令，打开"效果"面板，单击"视频过渡"文件夹前面的三角形按钮，将其展开，如图 5-45 所示。

图 5-45 视频过渡示意图（一）

2）单击"Iris"文件夹前的三角形按钮，将其展开，并选择"Iris Cross"效果。按"+"键放大时间轴窗口中时间标尺的单位比例，将"Iris Cross"过渡效果拖动到时间轴窗口中剪辑"1.jpg"和"2.jpg"相交的位置，释放鼠标后，即可在它们之间添加过渡效果，如图 5-46 所示。

图 5-46 视频过渡示意图（二）

3）执行"窗口"→"效果控件"命令，打开"效果控件"面板，设置过渡效果发生在剪辑之间的对齐方式为"中心切入"，如图5-47所示。

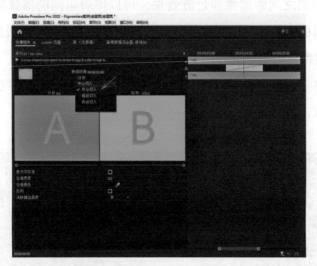

图5-47　视频过渡示意图（三）

4）在时间轴窗口中添加了过渡效果的时间位置拖动时间指针，即可在节目监视器窗口中查看到应用的画面过渡切换效果，如图5-48所示。

图5-48　视频过渡示意图（四）

5）使用同样的方法，为视频1轨道中的其余素材剪辑的相邻位置添加不同的切换效果，并将所有过渡动画的对齐方式设置为"中心切入"。

6）执行"文件"→"保存"命令，对编辑项目进行保存。

技能点6 编辑影片标题字幕

文字是基本的信息表现形式，在Premiere Pro中，可以通过创建字幕剪辑，来制作需要添加到影片画面中的文字信息。下面以为影片添加标题文字的操作，来介绍字幕文字的基本编辑方法。

1）执行"字幕"→"文字工具"命令，在效果窗口可以直接输入需要的文字，如图5-49所示。

图5-49 字幕示意图（一）

2）在编辑框内选择合适的字体、颜色和字号大小，并将其移动到画面中心区域内，如图5-50所示。

图5-50 字幕示意图（二）

3）单击视频轨道2中的"字幕"，单击鼠标右键选择"速度/持续时间"，将字幕时间改为3s，如图5-51所示。

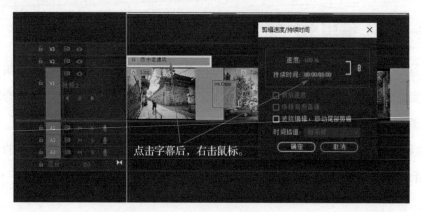

图 5-51　字幕示意图（三）

4）执行"文件"→"保存"命令，对编辑项目进行保存。

技能点 7　为剪辑应用视频效果

在 Premiere Pro 中提供了类别丰富、效果多样的视频特效命令，可以为影像画面编辑出各种变化效果。这里以为添加的影片标题文字应用投影效果为例，讲解视频效果的添加与设置方法。

1）在"效果"面板中展开"视频效果"文件夹，打开"透视"文件夹并点选"投影"效果，将其按住并拖动到时间轴窗口中的字幕剪辑上，为其应用该特效，如图 5-52 所示。

图 5-52　视频效果示意图（一）

2）打开"效果控件"面板，在"投影"效果的参数选项中，将"阴影颜色"设置为黑色，"不透明度"设为 70%，"距离"为 7.3，保持其他选项的默认参数，如图 5-53 所示。

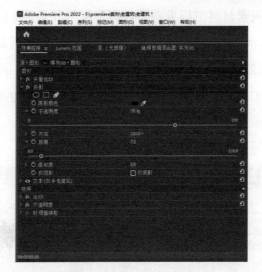

图 5-53 视频效果示意图（二）

3）执行"文件"→"保存"命令，对编辑项目进行保存。

技能点 8 为影片添加音频

为影片添加背景音乐，可以提升影片的整体表现力。音频素材的添加与编辑方法与图像素材基本相同。

1）在项目窗口中双击导入的音频素材，将其在源监视器窗口中打开，如图 5-54 所示。

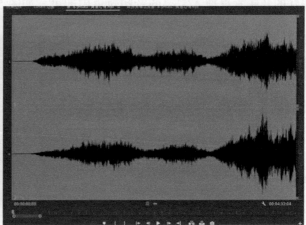

图 5-54 添加音频（一）

2）在源监视器窗口中拖动时间指针，或单击播放控制栏中的"播放"-"停止切换"按钮可以播放预览音频的内容。

3）在播放预览音频素材时可以发现，在音频素材开始的13s左右的时间里是没有音乐的（即音频波谱为水平线的部分），这里可以调整其入点时间，使其在加入时间轴窗口时，从开始有音乐的位置进行播放：拖动时间指针到00：00：00：13的位置，然后单击播放控制栏中的"标记入点"按钮"{"，将音频素材的入点调整到从该位置开始，如图5-55所示。

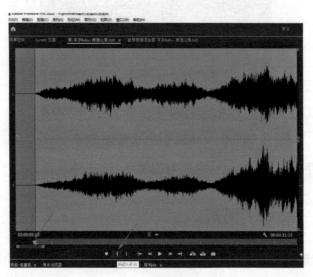

图 5-55　添加音频（二）

4）将时间轴窗口中的时间指针定位在开始的位置，然后按下源监视器窗口中播放控制栏中的"覆盖"按钮，将其加入时间轴窗口的音频1轨道，或者直接从项目窗口中将处理好的音频素材拖入需要的音频轨道中即可，如图5-56所示。

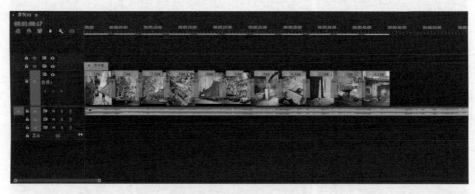

图 5-56　添加音频（三）

5）在工具面板中选择"剃刀工具"，在音频轨道上对齐视频轨道中的结束位置按下鼠标左键，将音频素材剪辑切割为两段，然后将后面的多余部分点选并删除，如图5-57所示。

图 5-57　添加音频（四）

6）执行"文件"→"保存"命令，对编辑项目进行保存。

技能点 9　预览编辑完的影片

完成对所有素材剪辑的编辑工作后，需要对影片进行预览播放，对编辑效果进行检查，及时处理发现的问题，或者对不满意的效果根据实际情况进行修改调整。

1）在时间轴窗口或节目监视器窗口中，将时间指针定位在需要开始预览的位置，然后单击节目监视器窗口中的"播放"–"停止切换"按钮或按下键盘上的空格键，对编辑完成的影片进行播放预览，如图 5-58 所示。

图 5-58　播放预览

2）执行"文件"→"保存"命令，对编辑项目进行保存。

技能点10 将项目输出为影片

影片的输出是指将编辑好的项目文件渲染输出成视频文件的过程。

1）在项目窗口中点选编辑好的序列，执行"文件"→"导出"→"媒体"命令，打开"导出设置"对话框，在预览窗口下面的"源范围"下拉列表中选择"整个序列"。

2）在"导出设置"选项中勾选"与序列设置匹配"复选框，应用序列的视频属性输出影片；单击"输出名称"后面的文字按钮，打开"另存为"对话框，在对话框中为输出的影片设置文件名和保持位置，单击"保存"按钮，如图5-59所示。

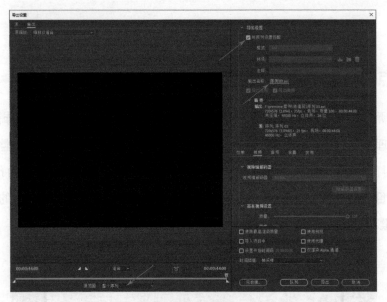

图5-59 输出

3）保持其他选项的默认参数，单击"导出"按钮，Premiere Pro CC 将打开导出视频的编码进度窗口，开始导出视频内容。

4）影片输出完成后，就可以使用视频播放器播放影片的完成效果。

06
模块六

如何体现摄影之美

无论照片是作为艺术品还是承载回忆的影像，都是通过视觉信息来传达其中的意义。研究摄影美的表现形式，也是每个摄影师的必修课。一方面摄影作为一门视觉造型艺术，具有与其他视觉造型艺术所共有的审美标准，如形象美、人文美、思想美、情感美和形式美等；另一方面又有因摄影的独特性所产生的纪实性、瞬间性和科技性的审美价值。本项目首先介绍了摄影美的表现形式；随后重点从抽象化的点、线、形状等视觉设计中最基本的元素，来讲解摄影中如何进行构图设计；以及如何借助光线、影调、色彩等元素构筑起摄影的光影世界；最后讲授了用画面的空间感、立体感、质感和形态感来表现艺术形象，传达摄影作品的主题思想。通过本模块的学习，进一步掌握各类摄影技巧的运用，提升摄影作品的美。

重点内容导图

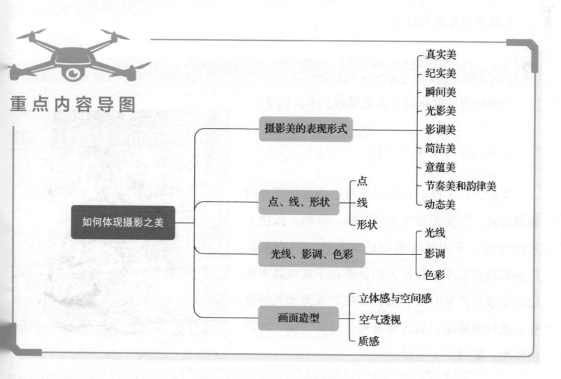

学习任务 1 摄影美的表现形式

摄影艺术的审美特征是由其艺术语言的特质决定的。一方面，摄影作为一门视觉造型艺术，具有与其他视觉造型艺术所共有的审美标准，如形象美、人文美、思想美、情感美和形式美等；另一方面又有因摄影的独特性所产生的纪实性、瞬间性和科技性的审美价值。

不过摄影也是一种记录信息和事物的工具，很多照片并不能称之为艺术品，它更多的作用是承载了我们为了怀念某些人或事的感情和记忆，这些照片对于自身而言也是一种特殊的"美"。

知识目标

● 熟悉了解摄影美的表现形式。

素养目标

● 培养学生严谨认真的工作态度。
● 培养开拓创新意识。
● 培养学生批判性思维。

? 引导问题

一部好的摄影作品是怎么呈现艺术美的？

知识点 1 真实美

客观、真实地记录影像是摄影语言最充分的表现方式，它使用影像再现人物、事物、景物本来的面貌，不去改变事物的真实性，具有见证性和现场真实感。其最大的价值在于客观真实地记录了事物在某时的状态，并使之成为永久的留存。这样的影像，真实与客观就是其"美"的价值体现，如图 6-1 所示。

图 6-1 《哈尼人家》（摄影：司键）

知识点2 纪实美

纪实与记录（记实）不同，"纪"的本意是：在一团乱丝中找出头绪，只有找出头绪才能择出可利用的丝线。而"记"只是最原始的记录，没有"记"者的立场、观点。只是对事物进行客观性的记录，没有主次之分。纪实是作者以自己的立场、观点，对事实材料进行整理、取舍、加工之后的结果，带有主观性，如图6-2所示。

图6-2　《希望工程系列》（摄影：解海龙）

纪实摄影拍摄的多是那些社会的边缘景象和有意无意间被人忽视的事实。它直面人生和社会，将镜头对准生活和人类自己，体现了摄影师对环境的关怀、对生命的尊重和对人性的追求。作者希望借助影像的力量，使摄影成为参与改造社会的工具。美国著名纪实摄影师路易斯·海因曾指出，摄影不应当仅仅是为了美，而应该有一个社会目的，要表现那些应予赞美的东西，也要表现那些应予纠正的东西。它在摄影真实美的基础上，又赋予了影像更高的认知功能和社会与历史价值。

知识点3 瞬间美

虽然电影、电视中拍摄动态影像的过程也叫摄影，但和我们在这里讨论的静态摄影有很多不同之处，这一点我们在前文中也做过讨论。

静态摄影艺术又称瞬间艺术，在按下快门的一瞬间，将事物以一种定格的方式记录下来，将转瞬即逝的形象凝结成永恒不变的影像。电影、电视为人们提供的是流动的美、连续的美，而照片带给人们的是瞬间定格的美，如图6-3所示。而且，摄影的瞬间呈现也能使我们看到很多平时无法看到的景象，如水滴滴落的瞬间、子弹出膛的瞬间、球拍击球的瞬间等。

图 6-3　《生日快乐》（摄影：泓竹）

虽然照片的画面是静止的、平面的，但不意味着它不能表现动态。一个恰当的瞬间，可以让人联想到瞬间的前后，给人以无限想象的空间。著名摄影师亨利·卡蒂埃·布列松提出的"决定性瞬间"理论便主张：摄影师要在某一特定的瞬间，将形式与内容、时间与空间同时恰到好处地呈现在画面中，将具有决定性意义的事物加以概括，并用强有力的视觉构图表达出来，如图 6-4 所示。

图 6-4　《单车》（摄影：亨利·卡蒂埃·布列松）

▶ 知识点 4　光影美

在摄影艺术中，一切影像都是光与影的结合，光是影子的源泉，影是光的象征，摄影作品犹如光的诗、影的歌，摄影师正是在用光去描形，用影去传情，用光与影的交融表达对美的赞颂，如图 6-5 所示。

　　光线独特的审美作用既可以表现在影调、线条和色彩，突出主体形象，增强环境气氛的渲染，增强造型表现能力，也可以表现思想感情，引起人们不同情绪的联想，艺术性地表达特定的感情、情绪、情调等。比如，清晨柔和的光线会让人感到清新、舒畅，正午强烈的阳光会使人感到热烈、紧张和焦闷，而黄昏日落的光线则会引起人们无限的思绪或美好的遐想，用暗淡光线可以表现出凄惨或肃穆，用柔和明快的光线来表现欢快和轻松。

　　有光就有影。影既可以遮挡住一些东西，也可以突出地表现另外一些东西。被光线照亮的主体，想突出它，就要让它处于较暗的背景中，这时阴影就可以作为主体的陪衬，如图6-6所示。

图6-5　《水墨丹青》（摄影：袁恩怀）　　　　　　图6-6　《相伴》（摄影：付强）

　　影不仅是物体的影子，画面的暗部都可以被称为影。光与影、明与暗的交替既增加了画面的层次，丰富了视觉语言，美化了被摄物，也使被摄景物更具立体感。明与暗在画面中位置不同也会影响观众的感觉。如前景明而后景暗，给人以遥远、空虚、神秘的感觉；前景暗而后景明，给人以平稳、宁静、停滞的感觉；如果画面中明暗相间，则给人以变幻的节奏感。

知识点5　影调美

　　影调美是摄影艺术形式美的重要组成。所谓的影调，即画面在光线的作用下产生的由暗到明（黑—暗调—中间调—亮调—白）的层次变化。前面我们虽然讲解了高调、低调、硬调、软调等不同影调风格的画面特点，但影调美的魅力绝不仅限于此。特别是在黑白摄影中，黑、白、灰是对自然景物颜色的高度概括、筛选和提炼，让黑白摄影称为一种概括力和含蓄性都极强的视觉艺术，从而更深刻地揭示事物内在的精神，也更易于表现摄影师的思想感情，如图 6-7 所示。

图 6-7 《黑独山》（摄影：路青林）

黑、白、灰的影调虽然不能像彩色摄影那样再现客观世界的五颜六色，但它更注重抽取和揭示物象的本质，表达深邃的意蕴以及出神入化地再现事物。

知识点 6 简洁美

摄影不像其他艺术形式以一字一句、一音一韵、一招一式、一点一线的连接或叠加创造各种形象，摄影是通过对画面元素剔除枝蔓、删繁就简创造艺术形象，是从纷繁复杂的世界中，提取最具代表性的典型事物并加以提炼和概括。摄影师在按下快门前，要通过取景框范画面的内容，剔除掉那些影响表达主题的元素。因此，摄影也被称为"减法的艺术"，如图 6-8 所示。

图 6-8 《冬日坝上》（摄影：戴智忠）

　　力求简约，是对这一思想最好的注解。面对大千世界，纷杂丰富，让人目不暇接，总想将一切眼前之物纳入画面，生怕落下什么。要知道，当什么都有时，就等于什么都没有了。少即是多，以小见大，以少见多。艺术是通过塑造典型形象、反映典型事件来表达思想感情的，典型才是重点。所以，画面要简洁明了、生动有力，力求在繁杂无序中发现美的规律，用摄影的手段表现出来。要记住，摄影不是现实事物的无序堆砌，而是揭示物象本质的慧眼。

　　如何取舍的确是个难题。由于每个摄影师对事物的认知和理解不尽相同，自然对景观的取舍也有自己的评判标准。多去提升自己的文化修养和生活经验，可以让自己对事物有更深刻的认知，自然就可以从中找寻到关键的要素。

知识点 7　意蕴美

　　意蕴，即意指蕴含。意蕴美，是摄影作品中所蕴含的情志、意趣、精神的美。无论摄影作品是在咏景、状物还是寓事、抒情，都可以通过一定的具体形象来表达某种抽象的概念、思想和意境。它是社会生活美的艺术概括和生动表现，也是摄影师精神、品格、情志在作品中的自我表现和自然流露，如图6-9所示。

图6-9　《海之吻》（摄影：李五玲）

　　不过影像不像文字那般确切，观众只能凭借自身的阅历与经验去推测、想象、体验摄影师原初的想法。尽管可以从影像中获得这样那样的感慨，但还是很难百分百地还原成原创的意思。因此，必要的文字说明对于图片的表达是不可或缺的，有时一个合适的作品名就能起到明确主题意蕴、画龙点睛的作用。

知识点 8　节奏美和韵律美

"乐者，心之动也；声者，乐之象也；文采节奏，声之饰也。"画面的节奏来自视觉元素的重复，韵律则是有规律变化的节奏。节奏和韵律之所以能唤起人的美感，是因为能引起人的生理节奏和心理节奏的有规律变化，产生和谐的感觉，如图 6-10 所示。

自然界的景物本身不会主动地去建立节奏和韵律，摄影师要善于观察，在现实中去发现景物间具有共同特征的图形，并以适当的方式组织起来，让它们在大小、形状、方向、色调、质感等方面有相似之处，从而产生周期性的连续不断交替出现的形式感，如图 6-11 所示。

图 6-10　《自上而下》（摄影：付强）

视觉元素的重复可以产生静态的视觉效果，也可以产生动态的视觉效果。严谨、对称的排列方式让人感到静止和无变化。相比之下，松散、不对称的排列会让人感到活跃和富有视觉张力。比起其他构图原则来，节奏和韵律更能引起视觉的快感。它有很大的活力，即使是最平淡的题材，只要发现和再现了某种节奏和韵律，照片就能给人以深刻的印象。

图 6-11　《祁连景色》（摄影：夏清林）

知识点 9　动态美

摄影虽是瞬间定格的艺术，但不代表不能表现动态的事物。摄影师借助快门速度的变换、镜头的追随和变焦、虚实对比和动静对比等手法，就可以表现出一种速度之美、力量之美和变化之美，如图 6-12 所示。

图 6-12　《运动会随拍》（摄影：付强）

动态画面主要有以下两种形式：

1）使用较高的快门速度，将运动物体的动作进行定格。关键在于要通过连续抓拍，选取典型性的瞬间，如图 6-13 所示。

图 6-13　《锡林郭勒》（摄影：戴智忠）

2）通过虚实结合的画面来表现物体的动态。可以利用较慢的快门速度，跟随运动物体拍摄，如果能保持镜头运动的角速度与物体运动的速度一致，就可以拍出虚实结合的画面；或者利用变焦拍摄等方法也可取得类似的效果。

学习任务 2　点、线、形状

所有的艺术形式都需要构成或者结构。音乐家遵循的是声音或音符的特殊排列组合，作家遵循的是语法和句法。对于摄影而言就是对画面内容的选择、组织和布局，即摄影的构图。学习构图就像学习语言，一旦你学会一门语言，它就不是你谈话时需要不停考虑的东西，而变成你的本能。

技能目标

- 理解掌握如何从抽象化的点元素来进行构图设计。
- 理解掌握如何从抽象化的线元素来进行构图设计。
- 理解掌握如何从抽象化的形状元素来进行构图设计。

素养目标

- 培养学生严谨认真的工作态度。
- 培养学生知识迁移的能力。
- 培养学生批判性思维。

？ 引导问题

如何进行摄影的构图？构图有哪些技巧？

虽然长久以来美术构图的规则被强加给摄影，但随着对摄影本体艺术语言特性的不断研究和发展，越来越多的摄影作品大胆地废除了美术的历史性概念，反抗传统的美术构图规则，创造出了有别于美术的、更加符合摄影特质的艺术语言和审美标准。但不能否认的是，当我们需要构建出一幅符合大众审美需要的画面时，基于美术的构图规则还是可以帮助我们将视觉元素整合成一幅和谐的画面。

绘画是构造图像的艺术，而摄影是选择图像的艺术。优秀的摄影作品是技术与完善构图之间的完美结合。摄影的构图，不是按照某种固定的清单或顺序，以一字一句、一笔一划、一点一线的连接或叠加完成的。摄影师面对的是自然形成的、一股脑扑面而来的、不分先后顺序的视觉元素。因此，摄影师对视觉元素的选择和组织，就不可能像画家那样自由，毕竟摄影是带着枷锁的舞蹈。

　　摄影的构图就是要根据每个场景的不同，剔除枝蔓，删繁就简，通过巧妙、合理地选择和组织，将视觉元素整合成一个便于观众理解的和谐的整体。前面，我们从表达主题的角度讲解了构图的基本方法和思路。不过那些都是从具象的实物景物为出发点进行的探讨，想深入地学习和掌握构图，就要学习怎样抽象化地看待事物（图 6-14）。你必须跳脱出花草树木、山川河流、人物、建筑等这些实物对象，从抽象化的点、线、形状等视觉设计中最基本的元素，来考虑如何进行构图设计。因为这些元素不仅更容易吸引人的注意力，也更容易帮助我们从错综复杂、变化万千的拍摄对象中找出规律。善加利用这些规律，将它们与光影、明暗、色彩等视觉感知要素共同作用，以产生和谐的、充满魅力的画面，这就是我们构图的目的。

图 6-14　《黄河赤龙》（摄影：闫国峰）

技能点 1　点

　　"点"是视觉设计中最基本的元素。在构图中，"点"是相对于"面"而言的。与"面"相比，"点"是一个非常小，或者相对来说非常小的结构。"点"作为基本的造型元素可以是任何物体、任何形状，换句话说，"点"不是指某一个特定的形状，而是指在画面中位于重要位置的"物体"。画面中的物体，如果它们与背景相比相对较小，就会被观众当成"点"。"点"可以是亮的、暗的，或彩色的。图 6-15 所示的船，相对于画面而言较小，在构图中就可称为"点"。

　　一般而言，"点"在画面中停留在固定的位置，不显示任何运动趋势。因为"点"的形态在视觉上具有收缩性，可以把视觉向"点"的中心集中。"点"的形态能够使其从其他较大的形态中分离出来，对视觉产生很强的吸引力，引起更大的关注。所以，"点"可以相对稳定人的视线，让视觉在"点"的形态上相对停留，对视觉产生了特殊的定位效果，如图6-16所示的船和太阳。

图6-15 《船》（摄影：付强）

图6-16 《霞浦》（摄影：路青林）

把点放置在画面中央，符合很多人的潜意识，但会让画面显得太过于静止和枯燥乏味，如图6-17所示。

但是如果"点"特别靠近画面的"边"或者"角"，一旦与"边"或者"角"产生视觉联系，就具有了明显的运动趋势。你最好有足够的理由这么做，因为将点放置在边界是很不寻常的做法，会让点产生很强的视觉张力。越靠近画面的"边"或者"角"，"点"的视觉张力越强。这正是因为"点"在不同位置时的运动趋势不同而造成的，如图6-18所示。

图 6-17　《千佛山大佛》（摄影：路青林）

图 6-18　《巴音布鲁克草原》（摄影：闫国峰）

　　将"点"布置在黄金分割点上，"点"与画面的"边"的垂直距离、水平距离所产生的视觉张力最为协调，如图 6-19 所示。

图 6-19　《巴音布鲁克》（摄影：闫国峰）

此外，如果画面中的某一个"物体"发挥着"点"的作用，在视觉上就会被看作一个"点"（虚拟点）。例如线段的终点、两条线的交叉点和角顶点，这些都是在视觉上会被作为一个"点"的位置。如图 6-20 所示，线条的交叉点，即为"虚拟点"。

图 6-20 《黄河公路桥》（摄影：骆跃峰）

画面中的"点"能够直接吸引观众的注意力。因此，"点"除了起强调作用外，也可能成为干扰因素，有时候如果摆放不当、喧宾夺主，便会干扰观众的视线。如图 6-21 所示的郁金香右上角紧挨着花边缘和右下角从边框露出一部分的两个"点"干扰了观众对主体的注意，成为了"干扰点"。而图 6-22 中改变的取景视角，去除了干扰点，画面上方不远处露出的其他郁金香作为陪体的身份出现，起到衬托主体的作用。

图 6-21 郁金香（一）   图 6-22 郁金香（二）

在画面中，单独的一个点具有绝对的视觉主导地位。如果出现第二个点，则绝对视觉主导地位会被打破，观众的视线会在两点之间来回移动，画面的格局也将出现相应的变化，画面中的每个点都将在视觉上与其他点相抗衡，各自吸引观众的注意力，如图 6-23 所示。

当第二个点、第三个点，以及更多点的形状、尺寸一样时，视觉上就会产生重复感，从而产生简单的节奏韵律，如图 6-24 所示。

图 6-23　《母与子》（摄影：付强）　　图 6-24　《向日葵》（摄影：付强）

点的数量越多，通过排列组合，形成直线或曲线等视觉线的视觉印象越明晰。当点以一定的方式排列在一起，观众的视觉自然地会将前一个点与后一个点连接起来，并将多个点看成一条"线"，如图 6-25 所示。

图 6-25　《冬日坝上》（摄影：戴智忠）

节奏来自于视觉元素的重复。视觉元素的重复可以产生静态的视觉效果，也可以产生动态的视觉效果。严谨、对称的排列方式让人感到静止和无变化；相比之下，松散、不对称的排列会让人感到活跃和富有视觉张力，如图 6-26 所示。

图 6-26 《荷花》（摄影：JSPA-Studio）

技能点 2 线

"线"同样是最基本的造型元素。康定斯基在研究线的特征后指出"线是点的运动轨迹""线产生于运动"。"线"与"点"不同，它有强烈的视觉运动趋势，所以"线"的一个主要功能就是牵引视线运动，如图 6-27 所示。

图 6-27 《厦门大学操场》（摄影：付强）

除此之外，"线"还有另外两个主要功能——分割平面或形状，同时形成新的平面或形状。因此，"线"具有很强的表形功能和表意功能，如图 6-28 所示。

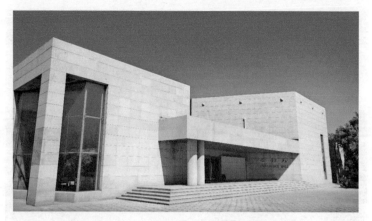

图 6-28　《景观摄影》（摄影：付强）

物体的边缘和轮廓是我们最常见的线，现实生活中的道路、河流、树木、枝干、地平线，以及建筑物的结构和轮廓线等，都是具有明显的线的存在，如图 6-29 所示。

图 6-29　《立交桥》（摄影：付强）

作为画面构成的基本造型元素，线可以分成"直线""曲线"和"折线"三类。

1. 直线

直线有三种不同的基本状态：水平线、垂直线和斜线。

水平线具有稳定、扩张、延伸、宁静、广阔、博大、深远的感情特征，如图 6-30 所示。水平线也是冷漠的、静态的线条。

竖向格式的画面中，水平线具有更强的平面分割特性，如图 6-31 所示。

垂直线具有简洁、上升、张力、明确性、坚毅、阳刚气、锐利性、庄重的感情特征，垂直线还可给观众带来亲密和温暖的联想，如图 6-32 所示。

图 6-30 《门源》（摄影：闫国峰）

图 6-31 《济南地铁站系列景观》（摄影：付强）

图 6-32 《棕榈树》（摄影：付强）

　　水平线是冷漠的，垂直线是温暖的，而斜线给人的感觉则介于两者之间。斜线具有动感、活跃、不安定的感情特征，具有很强的方向感和速度感，如图 6-33 所示。

图 6-33 《黄河滩》（摄影：付强）

2. 曲线

曲线是直线运动方向改变所形成的轨迹，因此它的动感和力度都比直线要强，表现力和感情也更加丰富，象征着柔美、浪漫、优雅、和谐，与直线在视觉上形成鲜明的对比。圆弧线规整、丰满、精密；自由曲线流畅、柔和、抒情，如图6-34所示。

图6-34 《曲线习作2》（摄影：付强）

由于曲线具有更丰富的视觉属性，因此曲线具有更高的运用价值。它可以用来构成随意的、更具情感的曲线的个体和形态组合，可以构成边缘丰富变化的面形态。

曲线和直线的对比构成可以相互衬托各自的形态特征，在视觉上形成曲与直的强烈对比效果，如图6-35所示。

图6-35 《赏大漠》（摄影：姜明文）

3. 折线

折线具有律动、坚硬、力度、兴奋、生气、不安的感情特征，如图 6-36 所示。

技能点 3　形状

形状是一个物体的基本属性，也是另一个重要的画面构成基本元素，是人类对一个物体认识的最直观的表现。形状实际上是通过物体的轮廓线所限定的一个"区域"，从而与相对应的其他区域产生对比。在摄影的构图设计中，我们可以将那些由色彩或者色调所产生的形状称之为"面"。它能把色彩和色调限定在某个二维平面区域内，或者让它们覆盖整个画面，起到占有和分割空间的作用。此时形状会作为图形、视觉形和色块等使用，成为构图结构的组成部分，或是成为容纳其他元素的背景，如图 6-37 所示。

图 6-36　《日间小景》（摄影：付强）

那些既具备明显轮廓线又具备明暗对比和透视关系的形状，和点、线相比，所占的视觉比重通常更大一些，可以为画面营造出很强的三维体量感和空间感，成为画面的主体，如图 6-38 所示。

图 6-37　《绿之意》（摄影：付强）

摄影实际上是在二维平面上展示三维空间。在一个二维平面中，观众只能看到三维物体的一部分，即它的形状。最基本的几何形状是"矩形""圆形"和"三角形"。无论是二维的基本形状还是它们所对应的三维结构——立方体、球体和三棱锥都是唯一且无法改变的。其他的几何形状都可以通过把基本形状组合在一起而得到，如图 6-39 所示。

我们可以通过矩形和三角形得到梯形，通过矩形和圆形得到椭圆形，通过圆形和三角形得到三条弧线围成的三角形。

图 6-38 《老君山》（摄影：付强）

图 6-39 形状示意图

每种几何形状都有其自身的特质，展现出不同的感情特征，摄影师就是要善加利用这些特质，为画面营造出不同视觉感受，从而让观众理解作品要表达的东西。

1. 矩形

矩形在自然界中很少见，常见于人工建筑或景观。画面中的矩形水平或垂直放置时，都是静态的形状，没有任何视觉移动的趋势，但也可以传递出重量、可靠、正式、不屈服、精确、严谨的感受。我们可以利用这种特点，使画面看起来四平八稳、规规矩矩，如图 6-40 所示。

图 6-40 《上九村》（摄影：付强）

但一定要注意矩形的边与画框边缘对齐的准确程度，对不齐很容易被观众发现，会让画面显得很随意不严谨。

此外，如果画面中出现多个规律排列的多重矩形，因其边框与画面边框出现结构上的重复，则会产生明显的节奏感和空间深度，这也是常见的构图方法，如图 6-41 所示。

当倾斜放置时，则会变得动态而富于积极性。我们可以利用这种特点，使画面显得活跃生动、富于变化。

这里要强调一点，我们常说的"画面形状"和"画面中的形状"两者是不同的，"画面形状"是指的取景画框的形状。

在正方形画面内的正方形、横向画面的水平长方形、竖幅画面的垂直长方形，这三种构图方式都在画面中强调了外部画框的形状。此时把对应的形状放在画面的中心位置，不会产生任何构图设计方面的问题。

但如果画面中的主体形状与画框产生了对比，比如长方形在正方形画框内或正方形在长方形画框内，画面的构图就要重新设计了。此时主体形状和画面空白处或背景之间也需要设计。

2. 圆形

圆形在视觉上给人一种旋转、运动和收缩的美。在人工景观和自然界中都很常见，如花朵。圆形自带的封闭效果，在构图中非常有价值，它"圈出"了放置在圆中的东西，等于告知了观众该关注的重点，集中观众注意力的效果明显。但要小心，圆形会让它周围的东西看起来都不重要了，在进行构图设计时要注意这一点。

对于圆形来说，最稳定的静态情形是内切于一个正方形，与正方形四边相抵。不过当圆形在长方形中时，就会存在平衡问题，而且圆和背景空白都会产生视觉张力，所以圆在长方形的摆放余地并不大。

圆位于长方形的正中间时是最静态的效果，将圆略微地偏移一点，就会破坏画面的平衡，此时必须有别的构图元素来加以平衡，如图 6-42 所示，画面上方的木制托板和蛋糕就起到平衡的作用。

在横向构图中，不宜在较短的边附近摆上一个圆。而在竖向构图中，由于短边是在顶部和底边，因此当圆接近底部放置时会给人"坐"在地上的感觉，而接近顶部放置时则有漂浮的感觉。

图 6-41 《循环》（摄影：付强）

图 6-42 《蓝莓蛋糕》（摄影：付强）

由于圆形有很强的视觉联想性，当圆形被画框或其他东西切割成为不完整的圆时，观众会联想到画面外被切掉的部分，如图 6-43 所示。

圆形中还包含半圆、1/4 圆、扇形、椭圆。圆形是没有方向性的，所以一旦拍摄的角度产生了变化，拍摄出的圆形便会呈现出一个椭圆的形状，如图 6-44 所示。

图 6-43 《摩天轮》（摄影：付强）

图 6-44 《古井》（摄影：付强）

3. 三角形

三角形是摄影构图中很受摄影师喜爱的形状，因为它们很常见，容易构造或暗示。有时只需要三个顶点，不一定必须具备三条边就能构造出一个三角形，如图 6-45 所示。

图 6-45 《荷花》（摄影：JSPA-Studio）

三角形无论是单独使用还是作为画面的一部分都有很清晰的视觉动感，上窄下宽的正三角形结构给人稳定的感觉，如图 6-46 所示。

图 6-46 《金山寺》（摄影：付强）

倒三角就需要和别的形状结合来使画面具有稳定感。另外三角形还包含了对角线和棱角，它们都具有律动效果。

摄影师之所以喜欢三角形，另一个很重要的原因是：场景中的景物往往是凌乱无序的，将景物按照三角形的形式进行排列，可以为原本散乱随意的画面带来条理和秩序。这样可以更清晰地表现主体、陪体、背景之间的关系，如图 6-47 所示。

图 6-47　《夜色老商埠》（摄影：付强）

不只是三角形，矩形、圆形都是可以给影像带来秩序的手段，在各类题材的拍摄中，我们都可以使用这些几何造型安排被摄物体的位置关系。

4. 自然形状（不规则形状）

几何形状和自然形状之间的界限并不是固定不变的。通常，人们只把那些不规则的形状叫作自然形状，形状是一个物体的基本属性，是人对一个物体认识的最直观的表现。很多自然形状又被事物的具体名称所限定，如一片叶子，如图 6-48 所示。这类形状可以被观众直接认知为其本体，或者将具有相似轮廓的其他景物联想成该本体，如某场景中天上云霞的形状好像一只飞鸟，虽然我们知道云就是云，但我们还是会因其轮廓像鸟而联想到鸟。

图 6-48　《叶子》（摄影：付强）

5. 面

在摄影构图设计中，我们可以将那些由色

彩或者色调所产生的形状称为"面"，即强调"面"，而弱化了轮廓的形状。面既是作为容纳其他造型元素的空间，其本身也是基本的造型元素。面的形态包含了线的因素，自然就具备线的性格特征，在构成中起到占有和分割空间的作用。同时，因为面的视觉比重较大，所以面的形态富于整体感的视觉特征，如图 6-49 所示。

图 6-49　《沙枣树》（摄影：路青林）

将那些由线条产生的形状称为强调"线"、弱化"面"的形状，如图 6-50 所示。

图 6-50　《光影》（摄影：付强）

而那些仅仅由点集、不连贯的线条或点线的组合所组成的形状视觉效果最弱，所占的视觉比重也最小，如图 6-51 所示的柳条。

图6-51　《春日》（摄影：付强）

学习任务 3　光线、影调、色彩

摄影作品的形式美，除了可以通过点、线、形状这些视觉结构的组合体现外，更是要借助光线、影调、色彩这些元素构筑起摄影的光影世界。如果说点、线、形状是画面的结构和骨架，那么光线、影调、色彩就是画面的肌肉和皮肤。

技能目标

- 理解掌握如何借助光线元素来进行构图设计。
- 理解掌握如何借助影调元素来进行构图设计。
- 理解掌握如何借助色彩元素来进行构图设计。

素养目标

- 培养学生严谨认真的工作态度。
- 培养学生知识迁移的能力。
- 培养学生对比分析、提炼总结的能力。

？ 引导问题

如何运用光线的强弱以及色彩来进行构图设计呢?

技能点 1 光线

光线是摄影的灵魂,在英文中的 photography(摄影)一词原意即为"用光绘画"。光是表现被摄体外形特征的重要因素,我们能看到物体的表面结构、形状、颜色、质感等,都是因为这些物体对光的反射、折射和透射。一切影像都是光与影的结合,光是影的源泉,影是光的象征。有光才有色,没有光,世界将一片漆黑。变化万千的浓淡层次、深浅不一的明暗变化、色彩斑斓的世间万物,无一不受到光的影响。

光线不仅可以传递出时间、季节、天气等环境信息,还可以用来表现画面的形式感、节奏感、立体感、空间感和质感。光线的变化可以引起人们情绪的变化,不同的光线可以营造出不同的氛围。明媚的阳光、傍晚的夕阳、依稀的月光、冉冉的篝火,都会带给我们不同的心情,或是愉快,或是沉闷、孤独和伤感,摄影师可以充分借助光线以表达内心情感,如图 6-52 所示。

图 6-52 《晨光氤氲》(摄影:李延伟)

所有的光,无论是自然光还是人工光,都有其特征。这些特性主要包括:光的强度、光的方向、光的质感、光的色温和光比。

1. 光的强度

光的强度取决于光源的亮度和光源与被摄景物之间的距离。光的强度直接影响画面的视觉效果，直射强光下的物体往往明亮、反差大、色彩鲜艳，给人以明快、确定的感觉，如图 6-53 所示。

图 6-53　《景观摄影》（摄影：JSPA-Studio）

弱光下的景物则显的灰暗、色彩暗淡、模糊不清，显示出郁闷、神秘、梦幻的气氛，如图 6-54 所示。

图 6-54　《童话般的老商埠》（摄影：闫国峰）

此外，光线的强度还直接会影响影像的画质，足够强度的光线下摄影师可以拍出细节清晰、色彩鲜明的高质量画面。如果光线的强度过低，拍出的画面会产生大量的噪点，景物的细节层次和色彩都会有明显的缺失。

2. 光的方向

光的方向也叫"光位"，是指光源照射被摄物时相对于被摄物所处的位置或角度，可分为顺光、前侧光、侧光、侧逆光、逆光、顶光和底光。

（1）顺光

顺光又称正面光，其光线照射方向与相机镜头的拍摄方向一致，如图 6-55、图 6-56 所示。顺光拍摄时，被摄物体受到均匀的照明，阴影主要出现在被摄物背面，且会被被摄物自身所遮挡，所以在画面中几乎不会出现被摄物体的阴影。顺光照明可以隐没被摄物体表面的凹凸不平和褶皱，使被摄物表面产生出一种平面的二维感觉，因此也有人称之为平光，如图 6-57 所示。

顺光的优点是影调比较柔和，能很好地表现出被摄景物的色彩。

图 6-55　顺光（一）

图 6-56　顺光（二）

图 6-57　《景观摄影》（摄影：JSPA-Studio）

但顺光也有其不足：由于顺光光线照射平均，被摄物体表面缺少明暗层次变化，而且顺光也不能充分地在画面中表现大气透视效果，所以景物缺乏空间感和立体感。

在顺光条件下拍摄时，正面往往比较明亮，画面的层次主要依靠被摄景物自身的明度差异或色调关系来传达。因此，最好选择自身的色彩或明暗差别较为明显的拍摄对象进行拍摄，以更好地区分被摄物体之间的关系，这样才能取得良好的拍摄效果。

（2）前侧光

前侧光也叫 45° 侧光，是指光源位于相机的左侧或者右侧，光线照射的方向与相机镜头的拍摄方向呈 45° 左右的夹角，如图 6-58 所示。

一般在上午 9：00—10：00 左右和下午 15：00—16：00 左右的光线，既可以在水平方向与镜头拍摄方向呈 45° 侧光，也可以在垂直方向呈 45° 侧光。此时的光线能产生良好的光影

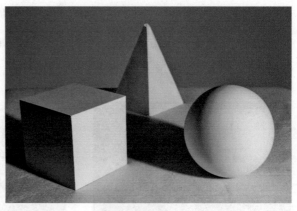

图 6-58　前侧光

效果，被摄物体的大部分被照亮，形成明显的受光面、背光面和投影，光比适中，明暗比例适当、过渡丰富、层次细腻，能较好地表现出被摄物的立体感、质感和空间透视感。拍摄出的画面光影效果真实自然，无论是拍摄人工景观还是自然风光，都是很常用的光线，如图 6-59 所示。

图 6-59　《冬日祁连》（摄影：付强）

采用此种前侧光拍摄人像时，可以在人一侧的脸部形成一个倒三角形的亮区，在人像摄影中也被称为"三角光"，是人像摄影的常用光位。又因其常见于 17 世纪荷兰画家伦勃朗的绘画作品中，所以也称"伦勃朗光"，如图 6-60 所示。

（3）侧光

侧光也叫正侧光、全侧光、90°侧光，光源照射方向与镜头拍摄方向成 90°左右夹角，如图 6-61、图 6-62 所示。

图 6-60　伦勃朗光

图 6-61　侧光（一）

图 6-62　侧光（二）

在侧光照明下，景物有明显的明暗亮度对比，有利于对被摄物体的线条和表面结构特征的表现，如形状、立体感、质感等。景物光影结构鲜明、强烈，明暗反差较大。被摄物体的受光面和背光面几乎相等，景物的背光面会留下影子的形态，影子与影子、影子与景物之间会构成丰富多彩的造型效果，如图 6-63 所示。

侧光照明能够特别凸显物体表面的质地，任何的凸起和凹陷都会在侧光下显露无疑，常用以表现物体表面的肌理和质感。

不过侧光也有其不足，因景物受光面与背光面的明暗亮度差异较大，有些时候会超过相机的宽容度（动态范围），给曝光控制带来麻烦。如果处理不当，会造成景物的细节层次和质感的损失。对于景观、风光摄影，一般可通过相机的 HDR（高动态范围成像）功能，或包围曝光并结合 Photoshop 的曝光堆栈功能来解决。

图 6-63　《土耳其航拍》（摄影：路青林）

以上提到的宽容度，是指感光材料能记录景物亮度反差的范围或能力，能将明暗反差很大的景物正确记录下来的称为大宽容度，反之则成为小宽容度，数码摄影常说的动态范围即指宽容度；HDR 是用来实现比普通数码图像更大曝光动态范围的成像技术，可以记录较大明暗反差的景物。

对于人像摄影，在使用侧光拍摄人物时，常需要对暗部进行适当的补光，以减小明暗反差。当然了，如果你希望为画面营造出强烈的戏剧性效果，则无需进行补光。

（4）侧逆光

侧逆光又称后侧光，光源的照射方向在被摄物的左后方或右后方，与镜头拍摄方向呈 135° 左右的夹角，如图 6-64、图 6-65 所示。

图 6-64　侧逆光（一）

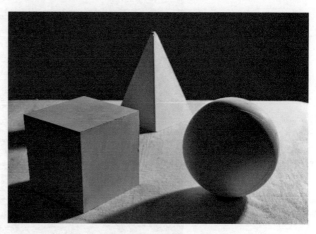

图 6-65　侧逆光（二）

在侧逆光照明下，景物大部分处在阴影中，而被照明的一侧往往会有一条很亮的轮廓线，这条线可以很好地表现出景物的轮廓美和立体感。同时，轮廓光还可以使被摄主体与背景产生明显的空间距离感，加强画面的空间深度，如图 6-66 所示。

图 6-66　《锡林郭勒 2》（摄影：戴智忠）

侧逆光照明是拍摄低调作品的常用光位，只要被摄主体和环境都是深色的，就很容易拍出低调的作品，如图 6-67 所示。

图 6-67　《老君山》（摄影：付强）

（5）逆光

逆光是指光源位于被摄物体后方，正对相机镜头光线。逆光照射下，被摄物背面受光，而面对镜头的正面处于阴影中，景物的边缘部分都被照亮。这种光线能够很好地勾勒出被摄物的轮廓形态，在被摄物体的边缘形成强烈的轮廓光效果。它是表达物体轮廓形态及区别景物与景物之间界限的有效手段，如图 6-68、图 6-69 所示。

图 6-68　逆光（一）

图 6-69　逆光（二）

逆光拍摄可以很好地表现景物的立体感，同时能表达较强的空气透视效果，使画面影调和层次非常丰富，如图 6-70 所示。

图 6-70　《赶牛》（摄影：路青林）

逆光会造成前景大面积的阴影，它既是构成暗调效果的重要因素，暗部区域还是藏出的理想手段，如图 6-71 所示。

图6-71 《霞映普吉岛》（摄影：戴智忠）

　　在户外拍摄中，有时逆光的光源——太阳可能也会出现在画面中。如果是在清晨和傍晚，有时太阳亮度不是十分刺眼，景物的反差尚在相机宽容度承受范围内还好。但如果阳光分外耀眼，最好不要将太阳拍摄进画面中，或者寻找如树枝、建筑等景物进行必要的遮挡，这样才能拍摄出效果适宜的画面，如图6-72所示。

图6-72 《情话》（摄影：李延伟）

　　在拍摄透明或半透明的物体时，如植物枝叶、花卉、冰雪等，逆光可使其质感和细节部分以及颜色表现出极佳的效果，如图6-73所示。

　　在拍摄不透明的物体时，如果不对其暗部进行补光，则可拍出剪影效果。逆光拍摄时要在镜头前加遮光罩，以避免光线直接进入镜头形成光晕或雾翳，如图6-74所示。

图6-73 《三叶梅》（摄影：付强） 图6-74 《黄昏下的摄影人》（摄影：Apple）

（6）顶光

顶光是指光线从被摄物的顶部垂直向下照射，其光线照射的方向与镜头拍摄方向呈垂直的90°左右夹角。顶光实际上也属于侧光的范畴，其特点与侧光基本一致。被摄物在顶光的照射下，水平面受光，垂直面处于阴影下，如图6-75所示。

顶光一般很少用于拍摄人物，因为顶光照射下人物的眼窝会有浓重的阴影、额头发亮、鼻影下垂、颧骨突出，会有丑化人物的嫌疑。

在风景摄影中，顶光是种比较难利用好的光线。如果拍摄场景中各种景物与景物间自身的明暗或色彩差异较为明显，尚能取得较好的拍摄效果，如图6-76所示。

图6-75 顶光 图6-76 《马尔代夫风光》（摄影：付强）

如果景物与景物间明暗、色彩差异较小，则应多去考虑利用阴影制造画面的层次感和形式感。

（7）底光

底光又称脚光，顾名思义，它是从被摄物底部垂直向上照明的光线。底光照明时，被摄物下明上暗，与顶光一样也会有丑化人物的效果，因此一般也不会用于人物拍摄，但在少数场景中为了凸显人物的阴险狡诈或反面形象，也会使用底光或顶光拍摄，如图 6-77 所示。

自然风景中底光比较少见，一般常见于城市景观照明。城市中建筑物等人工建筑或树木常用的夜间景观照明基本都以底光为主，被照明的景物会与周边环境产生较大的明暗反差，所以拍摄时最好选择华灯初上，天空尚未完全变黑时进行。这样可以将整个场景的亮度反差范围控制在相机的宽容度内，或者利用包围曝光结合曝光堆栈，以取得较好的效果，如图 6-78 所示。

图 6-77　底光

图 6-78　《洪家楼教堂》（摄影：付强）

以上就是摄影中常见的七种光位，无论是哪一种光位都有其优缺点，善加利用，多在实践中总结经验，才能发挥每种光线的最佳效果。

3. 光的质感

在阳光直射时或由点光源直接照射下，物体会产生明暗对比强烈、轮廓分明的阴影，这种阴影效果被称为硬阴影，产生这种照明效果的光源被称为硬光或直射光。硬光照明下，景物的明暗反差大，明暗之间缺少过渡，一般适合用于强调被摄对象的形式感、立体感、结构感，如图 6-79、图 6-80 所示。

与之相反，如果光线照射在被摄物体上没有产生明显的明暗对比和反差，画面亮度均匀，阴影不明显，阴影边缘也没有清晰的界限线，这种阴影被称为软阴影。在此类光线照射下，物体显得柔软、轻盈、细腻，这类光线即我们常说的软光、柔光或散射光。它常用来表现轻松、舒缓、温暖平和的场景或人物形象，如图6-81、图6-82所示。

图6-79 硬光（一）

图6-80 硬光（二）

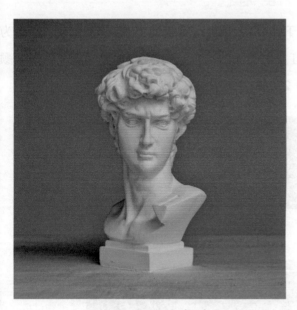

图6-81 软光（一）

图6-82 软光（二）

4. 光的色温

色温是表示光线中包含颜色成分或光谱成分的物理概念，单位是开尔文（K）。但要注意，色温不是指光的温度，而是摄影师为了区分光线颜色的变化，借用了物理学的色温计量法对光的颜色进行描述的物理概念。理论上，一个既不反光也不透光，并能将照在其上的光线全部吸收的绝对黑体，从绝对零度（0K，即 -273.15℃）开始加热，随着温度的升高会开始由黑变红，继而转黄、发白，最后发出蓝色的光，如图 6-83 所示。

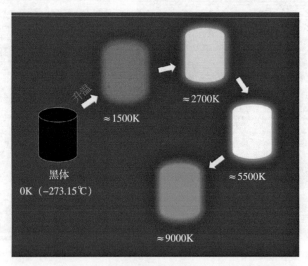

图 6-83　色温

如果光源发出的光，与某一温度下黑体发出的光所含的光谱成分相同，就称为"×K 色温"。比如生活中常见的钨丝灯发出的光的颜色，与黑体在 2700K 时发光的颜色相同，那么这只灯泡发光的色温就是 2700K，如图 6-84 所示。

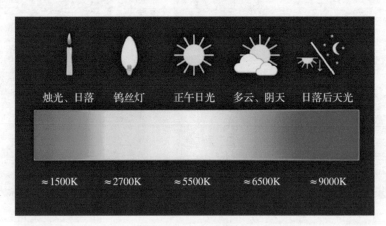

图 6-84　不同的色温

常见摄影光源的色温见表 6-1。

不同色温的光线具有不同颜色，不同的颜色给人的视觉感受也是不一样的。红色、橙色、黄色、黄绿色、红紫色等暖色系作为画面的主色调，会使照片具有扩张感、前进感，给人以温暖、热情、幸福、兴奋、进取、活力、激烈、愤怒、暴躁等心理感受，如图 6-85 所示。

表 6-1　常见摄影光源的色温

光源	色温
正午前后直射日光	5000~5300K
日出、日落时刻	2000~2800K
日出后和日落前 1h	3000~4500K
薄云遮日	6000~6500K
阴天	6500K
晴天的阴影下	7000K
晴朗的蓝色天空	12000~27000K
白色日光灯、节能灯	6500K
摄影用闪光灯	5500~5600K
钨丝灯、石英灯	2600~3200K

图 6-85　《晨曲》（摄影：姜明文）

青色、蓝色、蓝绿色、蓝紫色等冷色系为主色调的画面，有视觉压缩感和后退感，会让观众感觉到安静、冷漠、凉爽、寒冷、清雅、深邃、遥远、神秘、梦幻、科技等感受，如图 6-86 所示。

在不同色温的光线下拍摄的画面，会受色温的影响产生不同的色彩偏向效果。为了合理地控制画面的色彩偏向，数码相机都具备一项重要的功能——白平衡，如图 6-87 所示。

图 6-86 《城市夜色》（摄影：付强）

当相机的白平衡 K 值设置与拍摄时光源的色温一致时，拍出的画面与被摄物在正白光下的视觉效果一致。如在色温为 2800K 的钨丝灯下拍摄，相机白平衡 K 值也设定为 2800K，此时拍出的画面无色彩偏向，景物呈现出其固有色，未受光源色影响，画面既不会偏冷色调也不会偏暖色调，而是如同在正白色光线下看到的一致，因此该相机功能设置被称为"白平衡"，如图 6-88 所示。

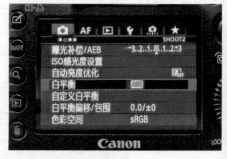

图 6-87 白平衡

图 6-88 相机白平衡设置值与光源色温一致时还原固有色

当相机白平衡设置值低于拍摄时光源的色温时，拍出的画面会偏青蓝、蓝紫色或冷色调。如在色温为 6500~7300K 的阴天拍摄，当相机白平衡 K 值设定为 4000K（低于 6500~7300K 的光源色温），拍摄出的画面会偏蓝色或冷色调，如图 6-89 所示。

图 6-89 相机白平衡设置值低于光源色温时画面偏冷色调

当相机白平衡设置值高于拍摄时光源的色温时，拍出的画面会偏黄橙、橙红色或暖色调。如在色温为 3500K 左右的黄昏拍摄，当相机白平衡 K 值设定为 5500K（高于 3500K 的光源色温），拍摄出的画面会偏橙红色或暖色调，如图 6-90 所示。

图 6-90 相机白平衡设置值高于光源色温时画面偏暖色调

数码相机的白平衡设置一般有几种，见表 6-2。

虽然看上去有点复杂，但其实可以归为三类。

表6-2　白平衡设置

显示	模式	色温
AWB	自动	3000~7000K
☀	日光	5200K
⌂	阴影	7000K
☁	阴天、黎明、黄昏	6000K
☀	钨丝灯	3200K
▦	白色荧光灯	4000K
⚡	使用闪光灯	6000K
📷	用户自定义	2000~10000K
K	色温	2500~10000K

（1）自动白平衡 AWB

顾名思义，当设为自动白平衡时，相机会根据拍摄时的光线色温和被摄对象自动设定白平衡数据，以保证多数场景下拍出的画面能实现正常的色彩还原。但在一些特殊场景下，有可能无法取得满意的效果，比如拍摄场景中存在大面积的橙黄色灯暖色系的被摄对象，此时相机会误认为光线较暖，会进行向冷色调的纠正，反而使原本橙黄色的被摄对象颜色失真。故此，当发现自动白平衡无法满足需要时，应及时根据场景和需要更改为更合适的白平衡设置。

（2）自定义白平衡

自定义白平衡，可以说是最有针对性，也是最能准确还原景物固有色的白平衡设置。它需要在拍摄前进行色温的测量，并将光线的色温数据记录下来，以实现准确的色彩还原。不同的数码拍摄设备，自定义白平衡的设置方法略有不同，但都需要使用灰卡、白平衡卡或者白色等中性色的物品作为参照物，并将参照物放置在拍摄时的照明光线下进行色温的测量。具体的操作方法可参考相关器材的使用说明书，这里不再赘述。

（3）色温值调节（K 值模式）

这类调节方式主要包括 K 值模式、日光、阴影、阴天、钨丝灯、荧光灯、闪光灯等几种。当相机选择"K 值模式"时，摄影师可以根据需要在 2500~10000K 之间任意选择，以匹配拍摄环境光。既可以使景物颜色还原准确，也可以故意偏向暖调或冷调。

其余几种，可以看作是某一 K 值的快捷方式，比如当选择了"阴天"模式时，就相当于直接设置 K 值为 6000K，当选择了"钨丝灯"模式，就相当于直接设置 K 值为 3200K，因此也都属于色温值调节（K 值模式）。

这里要特别强调的是，相机的白平衡模式中，名称虽然带有一些环境描述的名词，比如"日光"白平衡，但不一定就只能在阳光普照时使用。如果在阴雨天使用"日光"模式时，可以为画面保留下阴雨天清冷的感觉，你会发现要比"阴天"模式拍摄的效果更好，而使用"阴天"模式，反而会使画面偏暖。所以，在使用白平衡设置时，不可以只按名字的描述使用，还需要深刻领会白平衡的原理，根据情况让画面按照创造意图呈现不同的拍摄效果。

合理地利用光线色温和相机的白平衡功能，可以让我们的拍摄按照创作意图来实现画面的色彩风格。如在黄昏夕阳下或清晨日出时，想表现画面中的暖调的色彩倾向，就可以将相机的白平衡 K 值设置得高一点，这样就可以拍摄出比肉眼看到的还艳丽温暖的画面；又或者在暖调的人工光线下，将白平衡值设定为与光源一致，使拍出的画面色彩保持中性不偏色，特别适合产品和商业广告等对景物色彩还原度要求较高的拍摄。无论是何种色温的光线，我们一定要根据实际的拍摄需要灵活运用，切不可忽视对色温和白平衡功能的学习和掌握。

5. 光比

光比是指被摄对象的受光面与阴影面之间的明暗亮度比，它是摄影用光的重要参数。光比的大小对于表现被摄景物的立体感、控制画面的影调、烘托画面气氛有直接的影响。

大光比，被摄景物的明暗反差大，影调结构明显，过渡生硬，层次较少，立体感强，如图 6-91 所示。

小光比，被摄景物的明暗反差小，影调柔和，过渡平滑，层次丰富，立体感较弱，如图 6-92 所示。

图 6-91 大光比

图 6-92 小光比

影响光比大小的因素主要有以下几点：

1）光位：在顺光照明下光比小；在前侧光照明下光比适中；在全侧光照明下光比比侧光大，比侧逆光、逆光小；在侧逆光、逆光时光比较大。

2）光质：直射光、硬光时光比大；散射光、柔光时光比小。

3）气候与季节：晴天光比大；阴雨天光比小；夏季光比大；冬季光比小。

4）地理位置：靠近极地光比小；靠近赤道光比大；高原地区光比大；低海拔地区光比小，但海边一般光比较大。

5）光源有效面积：光源相对于被摄物较小时光比大；光源相对于被摄物较大时光比小。这点其实就是由光质决定的，光源越大，光质越软；光源越小，光质越硬。

6）光源的亮度和距离：同样大小的光源，光源越亮，光比越大；光源越小，光比越小。同样亮度和大小的光源，光源越远，光比越小；光源越近，光比越大。这点也是由光质决定的。

技能点 2　影调

影调指画面的明暗层次关系，即画面在光线的作用下产生的由暗到明（黑—暗调—中间调—亮调—白）的层次变化，如图 6-93 所示。

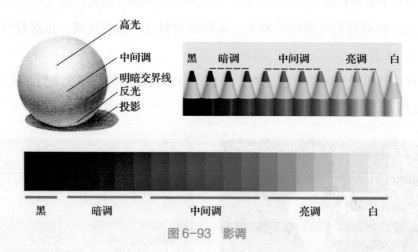

图 6-93　影调

在摄影中依据画面的亮暗程度可分为高调、低调和中间调。依据画面明暗对比的大小可分为硬调和软调。

1. 高调

高调也叫亮调、明调，指画面中光线较明亮，主要景物或整个场景的调子是以中间调到白的影调形态为主的画面。它给人以明朗之感，适宜表现明快、纯洁、高雅、幸福、甜蜜、欢愉、干净之类的主题，如图 6-94 所示。

图 6-94　《茶卡盐湖》（摄影：路青林）

2. 低调

低调又叫暗调，画面整体亮度较暗，景物影调以较暗的灰色至黑色为主。其画面给人一种神秘、严肃、深沉、凝重、庄严、粗犷的感觉，适用于表现沉重、悲怆、压抑、痛苦、怅惘、刚毅的主题，如图 6-95 所示。

图 6-95　《巴丹吉林》（摄影：付强）

3. 中间调

中间调指画面亮度适宜，不明不暗，画面黑、灰、白分布均匀的影调，浓淡相间，层次丰富。它给人以恬静、含蓄、质朴、和谐、细腻、大方的感觉，有利于展现景物细节层次、立体感、质感等样貌特征，如图 6-96 所示。

图 6-96 《安集海大峡谷》（摄影：路青林）

4. 硬调

硬调的明暗、色彩对比极为强烈，反差较大，画面层次较少，给人一种刚毅、简洁、强烈的感觉。硬调画面的光源多为直射光，利用高反差来夸大画面的明暗对比，可拍摄出明显的硬调效果，如图 6-97 所示。

图 6-97 《丹霞》（摄影：路青林）

5. 软调

软调是指明暗、色彩过渡自然，反差和对比较小的画面。软调给人以细腻、亲切、柔和的感觉，可以较为细致地表达比较软性、柔美的情感描写和人物造型，如图6-98所示。

图6-98　《巴丹吉林》（摄影：付强）

一般在阴雨天、柔光灯箱灯散射光源下拍摄的画面都是软调。摄影师在拍摄时对于影调处理可采取以下原则。

（1）根据拍摄意图处理影调

前面我们多次提到，影像就是要传达信息和表达摄影师的思想感情。对影调风格的把握要切合主题思想，让观众能够感受到摄影师的创作意图。比如一幅用来展现军人刚毅、勇敢的作品，如果用软调、高调的画面，显然不合适。用来展现春天万物复苏、百花盛开、欣欣向荣的照片，使用硬调、低调的影调风格也是不符合主题的。

（2）根据被摄对象的特点处理影调

不同的拍摄对象其表面特征和性格特征也是不一样的，对影调的把握也要以体现被摄对象的本质特征为主。比如对于展现男子豪迈气概、粗犷有力的作品，更适合低调、硬调；展现女性柔美、恬静、亲切的画面，更适合用高调、软调或中间调来表现。我们要根据拍摄对象的不同选择恰当的影调风格。

（3）根据环境特点处理影调

不同的环境，处理影调的方式也不尽相同。比如我们可以选择高调拍摄云雾笼罩下的山川河流、白雪皑皑的雪景，选择中间调拍摄城市景观、田园风光。

（4）根据季节和天气处理影调

生活的经验告诉我们，不同的季节、天气、地域等环境带给人的体验和感觉是不同的。成功的摄影作品中应该能将这样的信息和感觉准确地传递给观众。因此我们要依据不同的创作主题和季节、天气等因素，选择适当的影调。

技能点 3　色彩

光与色是自然存在的有机整体，有光才有色，色彩是"破碎"的光。光给予了人类一个充满色彩的世界，来自外界的一切视觉形象都是通过色彩和明暗来表现的。色彩其实是不同波长的电磁辐射刺激眼睛的视觉反应，能够被人眼感知的电磁辐射波长在380~780nm 之间，这段范围叫可见光光谱，也就是我们常说的光，如图 6-99 所示。

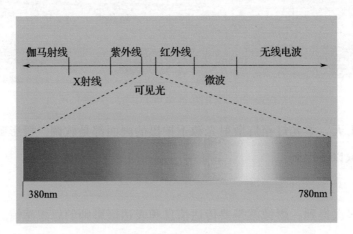

图 6-99　可见光光谱

可见光光谱包含了红、橙、黄、绿、青、蓝、紫七种颜色的光，每一种单色的光不能再分解，七种颜色的光混合在一起又产生白光，如图 6-100 所示。

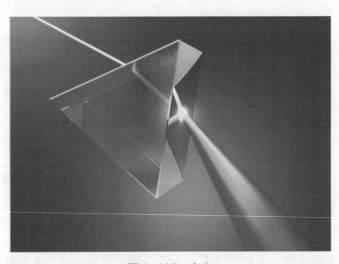

图 6-100　白光

自然界的物体可以分为两大类：发光体和反射体（反光体）。发光体可以向周围空间辐射出可见光，即我们所说的光源，如太阳、电灯等。反射体自身不发光，但能够吸收、反射、透射可见光。

发光体所发出的光的颜色叫作光源色，不同的光源有着不同的光源色，如指示交通用的红绿灯，室内照明用的荧光灯、石英灯等，光源色都不尽相同。

不同的反射体吸收、反射、透射可见光的能力和波长也是不同的，因此才会显现出不同的颜色。反射体在白光下显现出的颜色被称为物体的固有色（注意：这里的"物体"特指反射体）。

此外，由于反射体对于光的反射作用，会使其周围的物体的颜色受其反射光颜色的影响，这种反射光的颜色被称为环境色。

我们平时看到的景物颜色往往是光源色、固有色和环境色共同作用后的效果。比如，将一张固有色为白色的纸，放在光源色为绿色的光源照射下，白纸会显现出绿色；而在红色的光源照射下，则会显现出红色来；在白光下，将一张白纸放在周围全是蓝色物体的环境中，白纸也会略微"染上"少许蓝色；在绿树环绕的环境中拍摄人像，人脸上的皮肤也会略微染上环境的绿色。此类例子在生活中很常见，这里就不再一一列举了。在平时的拍摄中要注意这一点，以避免产生不必要的偏色，或者合理规划拍摄时的光源色、环境色对固有色的影响程度。

讲到颜色，永远离不开光，光是色的基础，有光才有色。那么光与色之间又有怎样的关系呢？

1. 原色光与补色光

（1）原色光

物理学家经研究发现，将可见光光谱成分中的红光、绿光和蓝光三种等量相加，便能产生白光。而且自然界其他颜色的光都可以用红、绿、蓝三种颜色的色光按不同比例混合而成，但这三种颜色的光却无法使用其他颜色的色光混合得到。因此，红、绿、蓝三色光被定义为色光三原色，或称原色光，如图 6-101 所示。

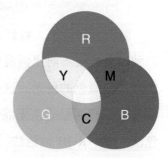

图 6-101　原色光

（2）补色光

任何两种色光相加如果能得到白色光，那么这两种颜色就互为补色光，如图 6-102 所示。

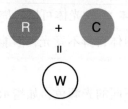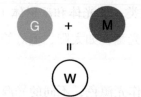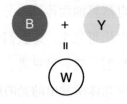

a）红色光＋青色光＝白光　　　b）绿色光＋品红色光＝白光　　　c）蓝色光＋黄色光＝白光

图 6-102　补色光示意图（一）

实践证明：红 – 青（R–C）互为补色光；绿 – 品红 (G–M) 互为补色光；蓝 – 黄（B–Y）互为补色光。

其中又因青色、品红和黄色是由红、绿、蓝三种原色光两两相加得到的，所以也被称为二次色，如图 6-103 所示。

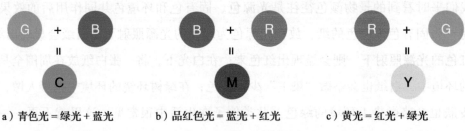

a）青色光＝绿光＋蓝光　　　b）品红色光＝蓝光＋红光　　　c）黄光＝红光＋绿光

图 6-103　补色光示意图（二）

2. 色彩混合原理

色彩的混合原理简称混色原理，是指由两种或两种以上的色彩相混合而产生出新的色彩。色彩混合可分为色光混色和颜料混色。

（1）色光混色（加法混色）

前面我们讲了，将红光、绿光和蓝光三种原色光按不同比例混合，可以得到自然界其他颜色的色光。这种利用色光进行混色的原理叫做"色光混色法""RGB 混色法"或"RGB 显色法"等。数码相机、扫描仪、彩色复印机、显示器、投影机等用于捕捉光或发出光的设备都是运用了该原理，如图 6-104 所示。

色光混色原理是靠原色光之间的相互

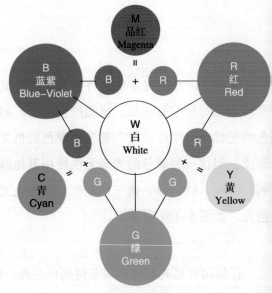

图 6-104　色光混色原理

叠加产生其他色光的，因此也被称为"加法混色"。该原理并不适合用在印刷品等自身不发光的东西上，印刷、打印等要使用另一种混色模式——颜料混色。

（2）颜料混色（减法混色）

颜料混色原理又称减法混色原理，是利用颜料的透射、吸收及反射原理，对复合光（白光）进行减波，有选择地吸收特定波长的光，只反射混色时需要的色光。这些被反射的色光，经混色后进入人眼产生各种色彩。

过去习惯将红、黄、蓝三种颜色的颜料称为颜料三原色，或美术三原色，因为这三种颜色的颜料按不同的比例混合可以得到其他的色彩。但从色彩学上这个概念是不确切的，颜料三原色应该是：青、品红、黄三种颜色，如图 6-105 所示。

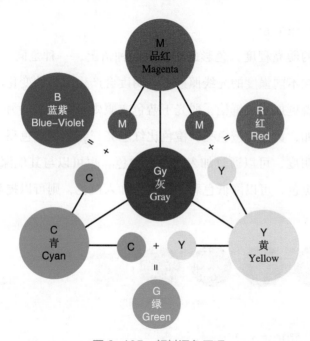

图 6-105　颜料混色原理

因为青、品红、黄三种颜色混合的范围要比红、黄、蓝三色大得多，理论上可以混合出一切颜色。不过因为青、品红、黄三种颜色等比例叠加得到的是不同深浅的灰色，无法混合出纯正的黑色，所以在印刷、打印时还需要增加单独的黑色颜料，形成青、品工、黄和黑四种颜色的混色模式，又称 CMYK 混色。

3．色彩三要素

混色原理可以让我们得到各种需要的色彩，以目前的技术水平，使用这些混色原理的设备、照片及印刷品等，至少可以实现超过 1600 万种色彩（人类可识别的色彩大约在 700 万 ~1000 万种）。想要充分认识色彩，就要对色彩进行定性和定量的描述，这就离不开色彩的三要素：色相、明度、饱和度。

（1）色相（Hue）

色相，即色彩的相貌，是指能够确切表示某种颜色的色别的名称，也称色别，如红、橙、黄、绿、青、蓝、紫、大红、普蓝、柠檬黄、橄榄绿等。色相是色彩的最大特征，如图 6-106 所示。

图 6-106　色相

（2）明度（Brightness）

明度是指色彩的明亮程度。色彩的明度有两种情况，一种是同一色相的不同明度，同一种颜色的物体在不同强度的光线照射下，明度会产生不同的变化，例如，明亮的阳光下，蓝色衣服显得更加明快鲜艳，弱光下蓝色衣服则显得深暗。另一种是不同色相间明度也有不同，例如，黄色比橙色亮，橙色比红色亮，红色比紫色亮。

想改变色彩的明度，可以通过加入黑色或白色，也可以与其他深色或浅色相混合。向某种颜色中加入黑色，可以降低色彩的明度；加入白色，则可以提高色彩的明度，如图 6-107 所示。

图 6-107　明度

（3）饱和度（Saturation）

饱和度即纯度，是指色彩的纯净程度，即光的波长的单纯程度。纯度越高，色彩越鲜艳；纯度越低，色彩的鲜艳程度越低，也就是越接近消色（黑、灰、白），因此也被称为色彩的艳度或彩度，如图 6-108 所示。

图 6-108　饱和度

可见光谱中的各种单色光是最纯的颜色，为极限纯度。要注意的是，一个颜色的纯度高，并不等于明度就高，色相的纯度与明度并不成正比。任何色相在纯度最高时都有特定的明度，如果明度发生了变化，那么纯度就会下降。向纯色中加入白色，明度会提高，纯度会下降；向纯色中加入黑色，纯度和明度都会下降；向纯色中加入浅灰，明度提高，纯度降低；向纯色中加入深灰，纯度和明度都会降低；向纯色中加入互补色，纯度和明度都会下降，并会使该纯色变成具有色彩倾向的灰。

为了更好地理解色彩的三要素，我们可以使用色轮来将色彩的三项属性进行归纳和排列。色轮的圆周代表色相变化；由圆心向四周边缘为饱和度和明度的变化，越靠近圆心，饱和度越低、明度越高；色轮的中间的环形区域，色彩的饱和度最高；越靠近色轮边缘，明度越来越低、饱和度也开始降低，如图6-109所示。

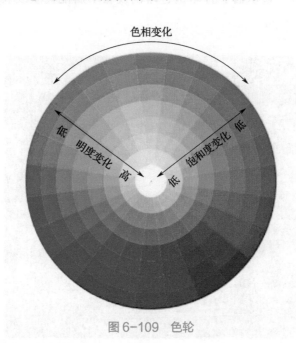

图6-109 色轮

4. 色彩的应用

摄影中有关色彩的应用包含了多个方面，包括拍摄参数设置、构图设计、造型设计、灯光照明、图片及视频调色、图片洗印等。这些方面包括了从拍摄、制作到展示播放的全部流程，每一步都和色彩密切相关。只有充分地了解和掌握了色彩的相关知识，才能真正成为一个优秀的摄影师。因篇幅所限，这里不能将其一一详尽讲解，在本模块内容中，仅将一些比较常用的应用原则或方法介绍给大家，以满足一般的拍摄需要。

（1）数码相机的色彩空间设置

目前，专业一些的数码相机、摄像机、航拍设备中都会有一项叫做"色彩空间"的设置，如图6-110、图6-111所示。那么什么是色彩空间呢？

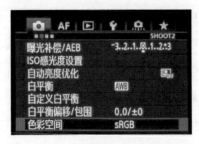

图 6-110 色彩空间示意图（一）　　图 6-111 色彩空间示意图（二）

色彩空间也称色域，是指某种表色模式所能显现的颜色数量的总和或范围，也指具体设备（如数码相机、显示器、打印机、印刷设备）所能捕获或表现的颜色范围，如图 6-112 所示。

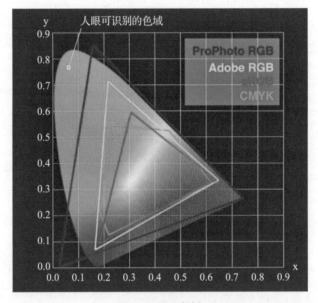

图 6-112 色域

前面我们讲了，数码相机、显示器等设备使用的是 RGB 混色原理（色光混色）。虽然理论上 RGB 混色原理可以混合出无限种颜色，但人眼能够识别出的颜色大约只有 700 万 ~1000 万种，从实际应用需要和数码设备研发、生产的性价比考虑，没有必要使用过大的色彩空间。因此，相关的厂商和研究机构制定了一些色彩范围有限的色彩空间标准，比如 sRGB、Adobe RGB、ProPhoto RGB、Display P3 等基于 RGB 混色原理的色彩空间。

数码相机上一般会有 sRGB 和 Adobe RGB 两种色彩空间可供选择。从上面的色彩空间示意图可以看出，Adobe RGB 色彩空间所包含的色彩范围要大于 sRGB，如果在拍摄时选择 Adobe RGB 色彩空间可以获得更加丰富的色彩表现。这似乎应该是个最佳的选择，不过现实却并非如此。目前多数正在使用的看图设备，如显示器、电视机、投影机、手机屏幕等，能显示出的色彩范围只能覆盖 70%~90% 的 sRGB 色彩空间。那些能覆盖 95% 以上 Adobe RGB 色彩空间的广色域显示设备的普及率还远远不够。如果将使用 Adobe RGB 色彩空间拍摄的画面，放在只能显示 sRGB 色彩空间的设备上显示，不仅无法体现出更大色彩空间的优势，有时甚至会出现色彩的偏差，反而得不偿失。

为了保险起见，如果你拍摄的照片最终只是要在显示器（包括电脑显示器、电视机、手机屏幕、投影机）观看，最好使用 sRGB 色彩空间进行拍摄。

如果你拍的照片，既会在显示设备上观看，也会将其打印或印刷出来，那就应该选择 Adobe RGB 色彩空间进行拍摄。因为打印机、印刷设备使用的是颜料混色原理（减法混色），它们能展现出的色彩范围多数只能达到 CMYK 色彩空间。通过上面的色彩空间示意图可以看出，CMYK 和 sRGB 的色彩空间并没有完全重合。因此，为了充分发挥设备的显色能力，使用色域更广的 Adobe RGB 色彩空间拍摄才是正确的选择。

无论你在拍摄时选择了哪种色彩空间，数码相机在保存图片文件时都会嵌入一个叫做"ICC"（或"ICM"）的配置文件，这个 ICC 配置文件会告诉所有支持色彩管理的 App，照片是使用哪种色彩空间拍摄的，这样图像在显示时才不会出现色彩方面的问题。

不过以上的设置仅适合于拍摄 JPEG 格式的照片，如果选用 RAW 格式，选何种色彩空间都没有区别。因为 RAW 格式文件的色彩空间需要在图像处理软件进行解码时再做选择，相机上的色彩空间设置对 RAW 格式文件无效。

还有一点需要强调，无论是拍摄 JPEG 格式还是 RAW 格式，如果你使用了 Adobe RGB 色彩空间，在处理完照片后进行保存图片前，一定要针对不同的应用场景，将 Adobe RGB 色彩空间转换成 sRGB 色彩空间或 CMYK 色彩空间（以 Photoshop 为例，如图 6-113 所示），或者直接保存为 Adobe RGB 色彩空间文件，以提供给那些支持 Adobe RGB 的应用场景。

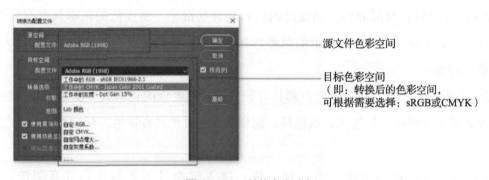

图 6-113　转换色彩空间

另外，保存文件时一定要勾选嵌入"ICC 配置文件"。这样其他人拿到照片文件时才能准确知道文件是使用的何种色彩空间，避免在进一步处理和使用时出现色彩的偏差，如图 6-114 所示。

存储选项：勾选"ICC配置文件"

图 6-114　ICC 配置文件

（2）色彩的视觉心理

在摄影中，色彩是与观众进行感情交流的重要工具，色彩不仅能够体现自然事物的客观属性，还能唤起情绪、表达感情、传达意义、渲染气氛，甚至影响我们的生理感受。比如，暖色调的色彩会产生积极的情绪，而冷色会产生阴沉、悲伤的情绪。当然这只是一般情况，具体会产生何种情绪还要看作品的内容，摄影师在拍摄时一定要仔细考虑一下，如何利用色彩才更有助于深化主题。

为了更好地了解色彩，我们有必要将色彩对人们感情的影响和心理作用总结一下。色彩对人心理作用和情感的影响主要表现在以下几个方面：

1）色彩的冷暖感。色彩本身并没有温度，它给人的冷暖感觉是由于人的自身经验所产生的联想。色轮中红、黄、橙色系偏暖被称为暖色调；蓝、蓝绿、蓝紫偏冷被称为冷色调；绿、紫色为中性微冷；黄绿、红紫色为中性微暖；白色偏冷、黑色偏暖。色轮中暖色区的颜色会产生积极的情绪，而冷色区会产生阴沉、悲伤的情绪。

2）色彩的兴奋与沉静感。明度高的色彩具有兴奋感，明度低的色彩具有沉静感；纯度高的色彩能使人兴奋，纯度低的色彩具有沉静感。色彩的兴奋与沉静往往带给人积极与消极的感觉。

3）色彩的轻重感。明度高的色彩具有轻快感，明度低的色彩具有稳重感，白色感觉最轻；若明度相同，艳色重，浊色轻；饱和度高的暖色具有重感，低饱和度的冷色有轻感。

4）色彩的朴素与华丽。黄、红、橙、绿等鲜艳且明亮的色彩具有明快、辉煌、华丽的感觉；而蓝、蓝紫等冷色具有沉着、质朴感，相对具有朴素感；但饱和度较高的钴蓝、湖蓝、宝石蓝、孔雀蓝也会显得很华丽；此外，明度高的色彩显得活泼、强烈、富于华丽感，而深色、明度低的色彩则显得含蓄、厚重、深沉具有朴素感。

5）色彩的软硬。明度高且饱和度低的色彩具有柔软感；而明度低，饱和度高的色彩则显得坚硬。

6）色彩的明快与忧郁感。明度高的色彩显得明快，明度低的色彩显得忧郁；暖色活泼、明快，冷色宁静、忧郁；白色、灰色明快些，黑色忧郁些；强对比明快、弱对比忧郁。

7）色彩的强与弱。色彩的强、弱与色彩的易见度有很大关系，而且往往跟色彩的对比强弱一起作用。对比强的、易见度高的色彩会有抢前感，感觉就强；对比弱的、易见度低的色彩有后退感，感觉就弱；不同色相中，纯度高的红色为最强，蓝紫色显得弱；有色彩更强，无色彩更弱。

8）色彩的前进与后退。色彩的前进与后退与色彩的膨胀与收缩相似，凡对比度强的色彩具有前进感，对比度弱的色彩具有后退感；明快的颜色具有前进感，晦暗的颜色具有后退感；高饱和度的色彩具有前进感，低饱和度的色彩具有后退感；暖调的颜色具有前进感，冷调的颜色具有后退感。

其实色彩本身并无情感，它给人的感情印象是由于人们对某些事物的联想所造成的，所处时代、民族、地域以及文化修养、性别、职业年龄等的不同，使人们对色彩的理解和感情各有差异。但其中还是存在许多共同之处的，我们在拍摄时，可以充分利用这些共性来设计拍摄时的色彩配置方案，帮助摄影师更好地传达主题。

（3）色彩的配置方法

常用的色彩配置方案主要有暖调构成、冷调构成、对比色构成、重彩构成、淡彩构成、和谐构成、消色构成和局部重点色构成。

1）暖调构成。在色轮的12点到4点区域包含了黄绿、黄色、橙色、红色及紫红等暖色。暖调的画面给人以温暖、热情、兴奋、喜庆、激进、活力的感觉，如图6-115、图6-116所示。

2）冷调构成。在色轮的5点到9点区域包含了蓝紫、蓝色、青色、青蓝、蓝绿等冷色。冷调画面给人以平静、安静、寒冷、清雅、广阔、遥远、深邃的感觉，如图6-117、图6-118所示。

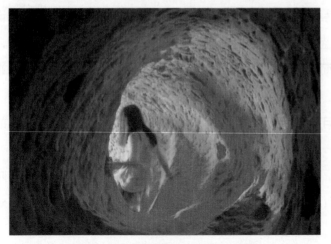

图 6-115 《漩涡》（摄影：付强）

图 6-116 暖色轮

图 6-117 《牛心山》（摄影：付强）

图 6-118 冷色轮

3）对比色构成。当人眼看到两种或两种以上波长差距较大的色彩时，需要迅速地进行视觉的调整，从而产生一种跳跃和强烈的对比感。利用这样的感觉可以使观众产生强烈的视觉效果，留下深刻的视觉印象。

在色轮上，位置相对、相隔180°的色彩对比最为强烈，视觉效果鲜明，特别是红与青、黄与蓝、绿与品这三对色光三原色与其补色颜料三原色之间的对比，是所有对比色中最为强烈的，也称原色对比，如图6-119所示。

原色对比具有最强烈的色彩明度和饱和度对比，特别适合表现愉快、响亮、丰富、热烈、明快、华丽、辉煌、节庆等题材的作品。

图 6-119 《大明湖夜景》
（摄影：付强）

在一幅画面中，有时我们也会采用两组原色或互补色对比，这种色彩的配置方法也被称为"四阶色系"配色，如图 6-120~ 图 6-123 所示。

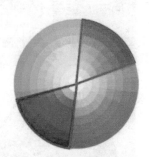

图 6-120　《英雄山立交夜色》（摄影：付强）　　　　图 6-121　对应色轮（一）

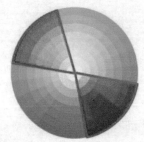

图 6-122　《烟雨清明》（摄影：付强）　　　　图 6-123　对应色轮（二）

在色轮上，位置相隔 120° 的色彩对比效果仅次于原色对比，如果这三类颜色同时出现在画面中，因其在色轮上呈三角形的位置关系，所以也称为"三角形配色"，如图 6-124、图 6-125 所示。

对比色配色具有鲜明、饱满、华丽、活跃，使用激动的特点，但由于缺乏共性因素，也容易出现散乱的感觉，造成视觉疲劳。想取得好的视觉效果，要注意调和对比色在画面中所占的比例和位置关系。

图 6-124　《大悲殿》（摄影：付强）

图 6-125　对应色轮（三）

4) 重彩构成。明度低、饱和度高的色彩具有稳重感。画面选用明度较低、饱和度高的浓重颜色配置画面，给人以沉重、凝练的感觉，因色彩效果夺目强烈，令人印象深刻，如图 6-126、图 6-127 所示。

图 6-126　《太行秋色》（摄影：付强）

图 6-127　对应色轮（四）

5）淡彩构成。选用一些颜色较浅、明度较高、饱和度较低的色彩相互配置在一起，具有清淡、典雅的感觉，给人以平静、质朴的视觉印象。选择明度更高、颜色更浅的色彩，再选择浅色的背景就可以获得高调的画面，如图 6-128、图 6-129 所示。

图 6-128　《海滨风车田》（摄影：付强）　　　　图 6-129　对应色轮（五）

　　6）和谐构成。选择色轮上相邻的或靠近的色彩相互配置在一起，能使画面显得和谐统一，给人以优雅、悦目、平静、柔和的感受。这种配色方式也称相邻色配色，或邻近色配色，如图 6-130、图 6-131 所示。

图 6-130　《朱家峪》（摄影：闫国峰）　　　图 6-131《荷韵》（摄影：付强）

　　7）消色构成。我们常说的消色是指黑、白、灰。消色与任何色彩配置在一起都能取得和谐，而且任何色彩在消色的衬托下都能获得充分的强调。所以消色构成的画面较为沉稳，给人一种和谐、协调的视觉效果，如图 6-132 所示。

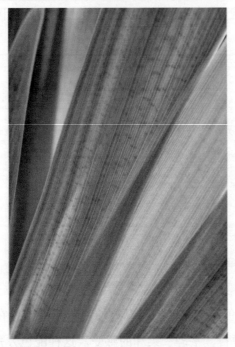

图 6-132 《黑白影调》（摄影：付强）

8）局部重点色构成。在画面统一的色彩基础上。配置一小块醒目的颜色，这一小块颜色往往也是画面的主体，它在周围颜色的衬托下会更加突出，如图 6-133 所示。

图 6-133 《上新街印象》（摄影：付强）

以上这些常用的画面色彩配置的方法，虽然可以作为摄影师创作时的参考，但也不要机械套用，色彩不是越丰富越好，也不是只有黑白灰才显得有格调。恰到好处地控制画面的色彩，才是优秀摄影师应具备的能力。

　　在色彩的应用上，要有明确的目的性，要为表现主题、突出主体、表情达意服务，绝不能为表现色彩而表现色彩。色彩的应用应该有整体的观念，从大局着眼，让多样性的色彩有统一的感觉。画面中的色彩不宜太多，一种或两三种色彩配置在一起，往往会比五六种颜色效果更好。此外，画面还应该有一个基本色调，画面的基本色调是主题、感情的倾向，也是色彩整体性的关键。在拍摄时要根据主观创作意图来确定基本色调。最后一点，色相的分布要避免等量、对称和凌乱。画面中的色彩要有大小、轻重、主次之分，用色尽量单纯简洁。

　　其实一幅画面的主色调，既可以传达情绪，也可以给观众有关拍摄时间的提示：在黎明和黄昏时，光线趋于暖色，甚至是深红色，如图 6-134 所示。

图 6-134　《黄河日落》（摄影：付强）

　　在晴朗的白天，特别是在中午时，光线的色温较高，在阴影处所有的东西都会趋向冷调，如图 6-135 所示。

图 6-135　《济南奥体中心体育场》（摄影：付强）

在春天，植物会趋向于清透、鲜艳，如果拍出的画面中色彩的明度和纯度较高，就能体现出春天的生动与活泼，如图 6-136 所示。

在夏天，阳光明媚，嫩绿色变成了翠绿色、深绿色。强烈的对比和鲜艳饱和的色彩才是夏天最好的注解，如图 6-137 所示。

图 6-136　《春告鸟》（摄影：付强）　　图 6-137　《大悲殿》（摄影：付强）

秋天是一年中色彩最丰富的季节，使用黄褐色的主色调能够使我们联想到秋天的到来，如图 6-138 所示。

图 6-138　《太行秋色》（摄影：付强）

在冬天，阴沉的天气和洁白的冰雪，任何时候都应该让其趋向于冷调为主，这才能让观众体会到冬天的阵阵寒意，如图 6-139 所示。

图6-139 《牛心山》（摄影：付强）

色彩不仅能够体现自然事物的客观属性，还能唤起情绪、表达感情、传达意义、渲染气氛，甚至影响我们的生理感受。充分利用色彩的这些属性，并将其融入到作品中，在记录下景观的客观样貌的同时，更是我们主观感受的一种表达。

学习任务 4 画面造型

艺术通常可分为表演、造型、语言和综合四类，每种艺术都有自己独特的塑造形象的方式和艺术语言。作为造型艺术的一支，摄影也有着自己独特的塑造形象的方式和艺术语言。它通过光线、影调、线条和色调等构成自己的造型语言，用画面的空间感、立体感、质感和形态感来表现艺术形象，传达摄影作品的主题思想。

只有充分了解和掌握摄影的这些造型语言，才能帮助摄影师将艺术构思与客观形象相结合，塑造出艺术形象，反映社会生活，展现自然风貌，表达思想感情。在本学习任务中，我们将讲解有关摄影画面造型语言的相关知识。

技能目标

- 理解掌握摄影中如何表现立体感与空间感。
- 理解掌握摄影中如何体现空气透视。
- 理解掌握摄影中如何表现质感。

素养目标

- 培养学生严谨认真的工作态度。
- 培养学生知识迁移的能力。
- 培养学生对比分析、提炼总结的能力。

怎么理解摄影画面中的立体感、空间感？

技能点 1　立体感与空间感

立体感与空间感是指平面造型艺术引起的一种近似于现实中三维空间物体的审美感受。摄影造型表现立体感的要求就是要在照片的二维平面上，运用摄影的手段表达出三维的现实世界，以及现实世界的空间、体积和表面结构，如图 6-140 所示。

而空间感，则是摄影师根据线条透视和影调透视原理，通过构图等造型手段在二维空间中创造出来的，是利用透视、色彩、明暗等产生现实空间的假象。

在摄影中，表现立体感的方法主要有以下几种：

1）通过加强透视结构和纵深关系表现立体感。摄影师通过确定拍摄的距离、角度（正面、斜侧面、侧面）、高度（平拍、仰拍、俯拍）以及镜头的焦距，来确定被摄物体在画面中的透视结构和纵深关系。采用斜侧角度、仰拍、俯拍等方式，更容易体现出被摄物的线条特征，加强透视效果，从而表现出立体感。

需要说明的是，不同焦距的镜头，表现出的透视效果和空间关系是不一样的，这点在后续讲解镜头的课程中再做详细介绍。

2）通过光线塑造立体感。使用前侧光、侧光、侧逆光，可使被摄物体呈现出更为明显的明暗对比和变化，从而使被摄物展现出更强的立体感。

3）通过主体与背景的明暗、色彩对比表现立体感。选择与主体明暗、色彩有明显对比的环境作为背景，可以让背景与主体间呈现出距离感，可增强被摄物的立体感，如图 6-141 所示。

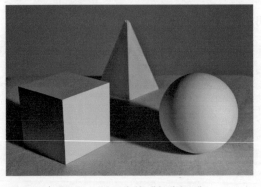

图 6-140　立体感与空间感

图 6-141　立体感示意图

表现空间感，则可以采用如下方式：

1）线性透视。它主要是指利用线条在平面上表现立体空间的方法，具体表现为：现实中原本平行的线，或有规律地排列的物体所形成的视觉线，由近及远进入画面深处时逐渐汇聚，使观众感觉到空间感，如图 6-142 所示。

图 6-142 《济南地铁景观》（摄影：JSPA-Studio）

在利用线性透视时，不光要利用场景中明显存在的线条，还要多去观察和寻找场景中隐含的线条，特别是那些有规律排列的物体。将这些线条以斜线的形式进行布局和安排，就可以构造出明显的线性透视效果。而且线本身又具备视线引导的作用，会引领观众的视觉走入画面深处，从而体会到空间感。

2）大小、远近对比。利用近大远小、前后对比的视觉体验，也可以让观众感觉到强烈的空间距离感，如图 6-143 所示。

想在画面中营造出大小、远近的对比，一方面要注意寻找合适的前景物，一方面可以多去尝试使用短焦距镜头（广角镜头）。

如果前景物和后景物可以被看作两个"点"，那请你回想一下在前文中我们曾讲过"在画面中，单独的一个点具有绝对的视觉主导地位。如果出现第二个点，则绝对视觉主导地位会被打

图 6-143 《搁浅》（摄影：付强）

破，观众的视线会在两点之间来回移动，画面的格局也将出现相应的变化，画面中的每个点都将在视觉上与其他点相抗衡，各自吸引观众的注意力"。正是这种视线的来回移动，使观众体会到了距离感和空间感。

所以在进行实际拍摄时，我们不要忘记：要学会抽象地看世界和思考，将之前学习过的点、线、形状等基本造型元素的特性结合进实际的拍摄中，这样才能深刻领会摄影的造型语言。

技能点 2　空气透视

空气透视也叫影调透视、阶调透视，是由于远近景物周围空气介质的厚薄不同而产生的不同色调和明暗现象。前文我们在讲色彩的视觉心理时曾提到"明快的颜色具有前进感，晦暗的颜色具有后退感；高饱和度的色彩具有前进感，低饱和度的色彩具有后退感；暖调的颜色具有前进感，冷调的颜色具有后退感"。空气透视增强空间感正是利用了色彩的这一心理作用。

其规律如下：

1）清晰度：近清晰，远模糊。

2）影调：近暗而深，远淡而浅。

3）色彩：近饱和度高，远饱和度低且趋于冷色。

4）反差：近反差大，远反差小。

逆光、侧逆光拍摄时，空气透视效果最为明显，如图 6-144、图 6-145 所示。

图 6-144　《远山》（摄影：付强）

图 6-145　《赶牛》（摄影：路青林）

虽然立体感和空间感是摄影造型语言中常常重点表现的东西，但不代表所有的摄影作品都要表现出立体感和空间感。很多摄影作品反而会反其道行之，将原本现实世界的三维立体感和空间感，通过有意的安排，将其拍出二维平面化的效果，也能取得意想不到的视觉效果和审美体验，如图 6-146 所示。

图 6-146　《玉兰》（摄影：付强）

技能点 3　质感

质感是指物体质地不同的属性，以及它对人的视觉、味觉、嗅觉、听觉、触觉等所产生的不同感受。如皮肤的柔嫩或粗糙、首饰的光泽、玻璃的透明、钢铁的硬重、丝绸的飘逸等，使人产生逼真之感。质感是作品内容的有机组成部分，直接影响到摄影作品的感染力，真实地再现质感对于表现主题具有积极的意义，如图 6-147 所示。

图 6-147 《绿叶》（摄影：付强）

质感有两种类型：一类是写实的，重视对细部惟妙惟肖地真实表现；一类是写意的，注重神似。要充分表现质感，就要抓住被摄物体的特征，根据特征选择恰当的表现手段。

（1）表面粗糙的物体

表面粗糙的物体最大的特征就是凹凸不平，采用侧光、斜侧光照明，可以使物体表面显现出明显的明暗、纹理变化，让观众感觉到这种凹凸起伏，质感才能得以再现，如图 6-148 所示。

图 6-148 《七彩丹霞》（摄影：付强）

如果使用硬光，再结合侧光、侧逆光，粗糙的表面肌理会更加明显，但也要小心有些物体表面会因硬光产生点状眩光，如带纹理的皮革。此时还是应该选择光源有效面积较大的柔光拍摄，图 6-149 就是采用柔光箱拍摄的。相机机身上既有光滑的金属，也有带纹理的皮革，镜头又是透明的，基本上在这一幅照片中就将我们常见的几种类型的物体质感包含了。所以请仔细观察和分析摄影师是如何体现这些材质的质感的。

图 6-149　《产品摄影——相机》（摄影：付强）

（2）表面光滑的物体

对于那些表面光滑、有光泽的被摄物体，则可以采用柔和的侧光，并适当保留物体表面的反光或高光，这样才能将光滑物体反光能力强这一性质反映在画面中，观众自然就能感受到其质感了。注意观察图 6-149 中相机机身和镜头部分的反光和高光表现。

（3）透明、半透明物体

对于透明和半透明的物体，能使光线通过是其重要的特征。所以在拍摄时，我们必须要在照片中体现出这一点——让光线从物体的背后透过物体照射，即使用逆光或侧逆光拍摄，如图 6-150 所示。

图 6-150　《破碎的玻璃》（摄影：付强）

此外，透明或半透明的物体表面还会出现明显的反射光斑和折射光斑，要注意控制这些光斑的位置、大小和强度，既不要让这些光斑成为干扰因素，又要让其能够反映物体质感特征，如图 6-151 所示的光斑对比。

要知道，像玻璃这种透明物体透光这一特性，也使得其轮廓形状不容易被表现出来，因此在使用光线时，要充分利用光线反射和折射引起的光斑来塑造透明物体的轮廓外形，如图 6-152 所示。

图 6-151 光斑对比示意图   图 6-152 《产品摄影——酒瓶》（摄影：付强）

最后一点，要表现出透明物体透光这一特性，既要让观众能透过它看到其背后的景物，又要让观众感觉到透明物体的存在。这是拍摄透明物体最重要的原则。

（4）光滑的金属或产生镜面反光的物体

类似光滑的金属等能产生镜面反光的物体，是一类比较难拍摄的东西。不让其表面产生镜面反射效果，无法体现其质感特征；让其表面产生镜面反射效果，又会将周围环境映于其中，让照片看上去很杂乱。所以控制其镜面反射的"内容"是关键。一般来说，多用非常柔和的、光源有效面积较大的散射光作为照明，通过合理地控制反射角度，让反射入镜头的"内容"变得"干净、简单"，就能取得良好的效果，比如直接反射光源的样子，如图 6-153 所示。

或者可以利用其镜面效果，直接表现经其镜像的环境，从而间接表现被摄物的特质。

图 6-153　《产品摄影——餐具》（摄影：付强）

拓 展 课 堂

　　中国民用航空局航空器适航审定司于 2017 年 5 月 16 日下发《民用无人驾驶航空器实名制登记管理规定》，自 6 月 1 日起，对最大起飞重量在 250g 及以上的民用无人机实施实名登记注册。实名制是有效管理无人机迈出的重要一步。2017年 8 月 31 日后，民用无人机拥有者，如果未按照该管理规定实施实名登记和粘贴登记标志的，其行为将被视为非法，其无人机的使用将受影响，监管主管部门将按照相关规定进行处罚。

　　无人机实名登记分为两步：一是在无人机实名登记系统进行实名登记注册；二是打印包含登记号和二维码信息的登记标识并粘贴到无人机上。

参考文献

［1］罗森布拉姆. 世界摄影史［M］. 包甦，田彩霞，吴晓凌，译. 北京：中国摄影出版社，2012.

［2］曼特. 摄影构图与色彩设计［M］. 赵嫣，梅叶挺，梅蒋巧，译. 北京：中国青年出版社，2009.

［3］罗伯茨. 构图的艺术［M］. 孙惠卿，刘宏波，译. 上海：上海人民美术出版社，2012.

［4］日本MD研究会. 图解色彩管理［M］. 杨洋，译. 北京：人民邮电出版社，2012.

［5］王力强，文红. 平面、色彩构成［M］. 重庆：重庆大学出版社，2002.

［6］蒋载荣. 摄影的视觉心理［M］. 北京：中国摄影出版社，2014.

［7］任悦，曾璜. 图片编辑手册［M］. 4版. 北京：中国摄影出版社，2015.

［8］马尔帕斯. 摄影与色彩［M］. 孔德伟，译. 北京：中国青年出版社，2008.

［9］亚当斯. 色彩设计手册［M］. 何田田，译. 南京：江苏凤凰科学技术出版社，2018.

［10］普拉克尔. 摄影构图［M］. 赵阳，译. 北京：中国青年出版社，2008.

［11］巴雷特. 看照片看什么：摄影批评方法［M］. 何积惠，译. 北京：世界图书出版公司，2013.

［12］于晓风. 摄影作品分析［M］. 2版. 上海：华东师范大学出版社，2016.

［13］海勒. 色彩的性格［M］. 吴彤，译. 北京：中央编译出版社，2008.

［14］艾柯. 美的历史［M］. 彭淮栋，译. 北京：中央编译出版社，2008.

［15］艾柯. 丑的历史［M］. 彭淮栋，译. 北京：中央编译出版社，2008.

［16］大疆传媒. 无人机商业航拍教程［M］. 北京：北京科学技术出版社，2020.

［17］尹小港. Premiere Pro CC入门教程［M］. 北京：人民邮电出版社，2022.

［18］JAGO M. Premiere Pro CC 2017经典教程［M］. 巩亚萍，译. 北京：人民邮电出版社，2018.

［19］汤普森，鲍恩. 剪辑的语法［M］. 梁丽华，罗振宁，译. 2版. 北京：北京联合出版公司，2018.

［20］汤普森，鲍恩. 镜头的语法［M］. 李蕊，译. 2版. 北京：北京联合出版公司，2018.

［21］奥斯汀. 看不见的剪辑［M］. 张晓元，丁舟洋，译. 北京：北京联合出版公司，2016.